青少年Python编程

从零基础到机器学习实战

王锴男 著

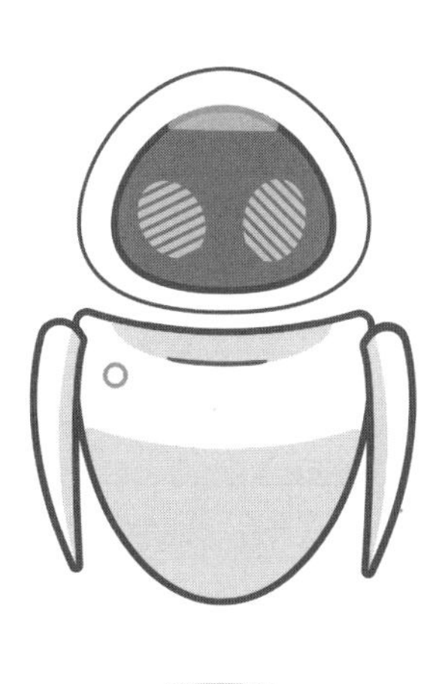

·北京·

内 容 简 介

本书是一本Python编程和机器学习零基础入门书。书的内容由Python基础语法和机器学习两部分组成，力求前面所学为后面所用。前半部分，着重介绍了Python语言的输入输出、条件分支、循环、列表、函数、类等，力求“手把手”地帮助读者攻克初学编程的难关，边学边练，使抽象的内容得以在实践中明晰。后半部分，是基于Python语言的机器学习入门，先介绍了机器学习领域最常用的工具库NumPy和matplotlib，继而以sklearn为依托讲解了分类、回归、聚类三个经典的机器学习应用场景。经过前面层层铺垫，最后带领读者完成一个识别手势的项目，体验机器学习的全过程。

本书适合Python编程学习与应用的青少年爱好者阅读，也可作为中小学生Python相关课程的教材。希望读者借由本书进入Python程序设计和人工智能世界的大门，并逐步探寻更深的领域。

图书在版编目（CIP）数据

青少年Python编程：从零基础到机器学习实战 / 王锴男著. —北京：化学工业出版社，2022.8

ISBN 978-7-122-41450-2

Ⅰ. ①青… Ⅱ. ①王… Ⅲ. ①软件工具－程序设计－青少年读物 Ⅳ. ① TP311.561-49

中国版本图书馆CIP数据核字（2022）第086496号

责任编辑：金林茹　　装帧设计：水长流文化
责任校对：田睿涵

出版发行：化学工业出版社（北京市东城区青年湖南街13号　邮政编码100011）
印　　刷：三河市航远印刷有限公司
装　　订：三河市宇新装订厂
710mm×1000mm　1/16　印张12¼　字数131千字　2023年1月北京第1版第1次印刷

购书咨询：010-64518888　　售后服务：010-64518899
网　　址：http://www.cip.com.cn
凡购买本书，如有缺损质量问题，本社销售中心负责调换。

定　　价：59.80元

如今我们已经切切实实生活在AI时代，曾经电影中的高科技情节触手可及，如刷脸支付、微信的语音转文字等，每每打开购物软件推送而来的商品列表，这些林林总总的人工智能事物早已和你我的生活浑然一体。

作为这个时代的一名信息学教师，笔者的工作是教孩子们这些人工智能事物背后的信息技术知识，而在教学过程中，有时是孩子们启发我更多。孩子们的学习方式是知行合一的，他们性格直率，想到什么就会去做，做过之后就要立即看到结果，他们在快速的实践迭代中认识、理解、运用抽象的知识。孩子们的兴趣是面向未来的，他们会对身边的新事物萌发好奇心，想要知道内部运行的规律，他们在课上的每一次发问，也把笔者的思考带到离本源更近的位置。

希望这本主题为Python零基础入门到机器学习的书能让孩子们以最简便的方式和计算机交流。因为想让编写代码到提交代码的过程像一场化学实验一样快速反馈，所以选择JupyterLab作为编辑器。为了知其然更知其所以然，将众多的人工智能应用还原成经典的三个场景：分类、回归和聚类。

本书的第1～9章是Python语言基础部分，可以把Python看成一门简单的外语，学会了就可以指挥计算机做一些基础的事情；第10～15章是机器学习的内容，通过这些章节可以了解机器学习的概念和分类，并动手执行分类、回归、聚类的算法。最后是实践篇，尝试用所学来实现生活中冒出的奇思妙想。

希望读者能通过本书的学习，具备基础的编程能力，迈入人工智能的大门。在越发数字化的当下，若只是一个先进数字产品的使用者和消费者，未免太不尽兴。要成为创造者，享受到创造的快乐，现在就从提交代码顺利通过的满足感开始吧！

感谢我的父母、妻子，分担了我绝大部分的家务劳动，让我有余力完成本书的写作。将本书献给我的女儿，希望她能享受创造的快乐。

由于笔者水平和时间所限，书中不足之处在所难免，恳请读者批评指正！

著者

目录

第4章 对错要分辨：if语句

第5章 if语句的升级版：while语句

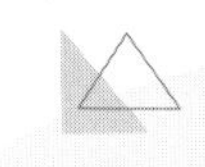

第6章 循环次数知多少：for循环

第7章 新的柜子：列表和元组

第8章 查起来飞快的字典和集合

第9章 把变量和指令统统打个包：函数和类

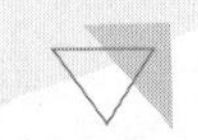

第10章 走出新手村：开启机器学习的副本

第11章 数据可视化：使用matplotlib绘制图形

第12章 花花各不同：教会电脑做分类

第13章 预测未来：回归问题

第14章 龙找龙，凤找凤，好汉对英雄：聚类

第15章

实践篇：分辨石头剪刀布

进入Python程序世界：搭建编程环境

万事开头难，但所幸能和阅读本书的你一起进入Python的程序世界。程序设计的世界奇妙精彩，也有诸多难关，这第一关就是在电脑上安装Python编程的实验室Anaconda。咱们一步步来完成它，跨入Python程序设计的大门吧！

如果说有一定要说在前面且比较重要的话，那就是：计算机科学是一门实践科学，需要你在阅读的同时，不断地敲击键盘，用代码检验自己的学习成果。

1.1 Python语言和机器学习的故事

现在朋友圈、新媒体的宣传中，人工智能几乎和Python画了等号，其实Python和C++、Java一样是一门编程语言，它的作用是让我们和计算机沟通。

在机器学习发展的过程中，Python语言因有简单易用的特点，吸引了非常多数据科学家使用该语言开发了很多程序库，比如这些数据科学家为初学者预备的很多好上手的工具集合，又如我们后面要学习的NumPy、scikit-learn（又称sklearn）等程序库，久而久之形成了一个基于Python语言的机器学习生态，大家一般都会将Python作为学习机器学习的首选语言。

简言之，先掌握Python语言，再使用Python语言编写机器学习中的算法和模型，是这次学习之旅的主线。

1.2 一步步安装Python实验室Anaconda

虽然有很多编辑器能实现Python代码的编写和运行，但Anaconda无疑是当下将Python语言和机器学习结合得最好的。

机器学习要用到很多第三方程序库。所谓第三方程序库，指的是只安装Python，不自带的程序库，需要一个个动手去安装，但是不同的程序库之间版本偶有冲突，需要不断解决其中出现的问题，就好像吃重庆火锅需要准备火锅底料，可以买牛油、辣椒、麻椒等进行炒制，但是会出现配比等问题，因此直接买一包火锅底料更为方便。Anaconda就好比直接购买的火锅底料，它会一站式地帮你解决这些问题。

首先访问Anaconda官方网站，鼠标悬停在Products上，如图1-1所示。

图1-1

弹出菜单后选择框中的“Individual Edition”，等待页面跳转，如图1-2所示。

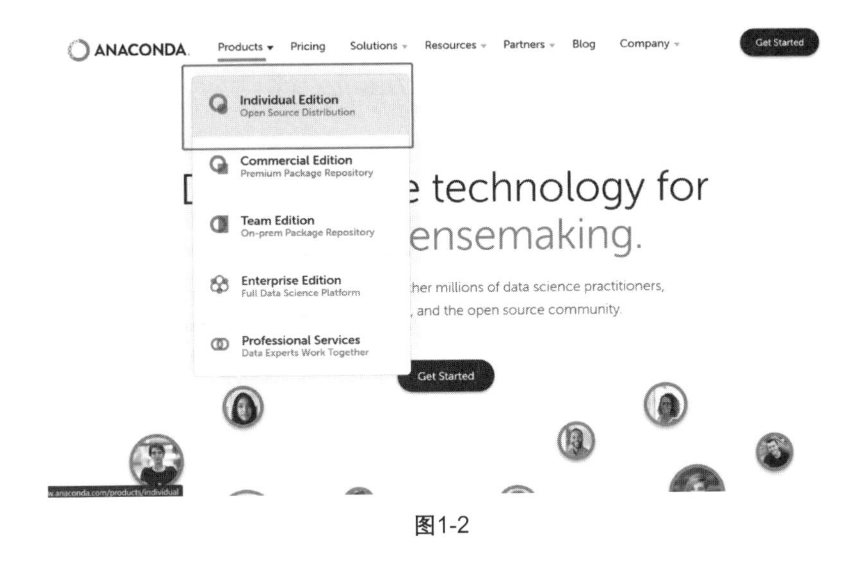

图1-2

页面刷新后，点击右侧框中的下载按钮，需要注意的是：Anaconda官网会根据电脑的操作系统推荐适合的软件版本，所以只要点击“Download”按钮即可，如图1-3所示。

Individual Edition

Your data science toolkit

With over 25 million users worldwide, the open-source Individual Edition (Distribution) is the easiest way to perform Python/R data science and machine learning on a single machine. Developed for solo practitioners, it is the toolkit that equips you to work with thousands of open-source packages and libraries.

图1-3

下载结束后，点击下载安装包，待Anaconda安装程序启动弹出界面后，点击“Next >”按钮（图1-4）。

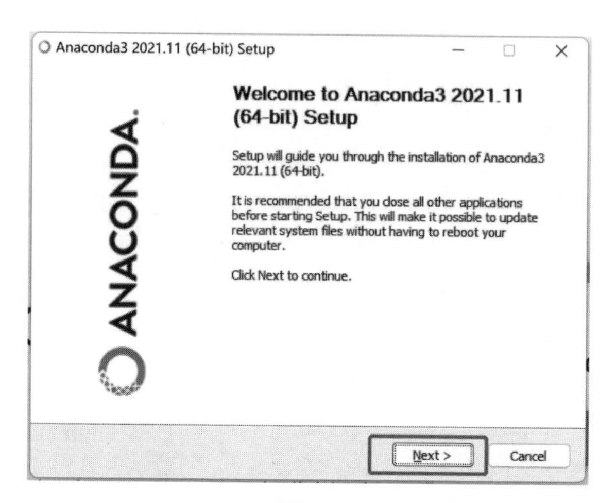

图1-4

弹出软件授权界面，点击“I Agree”按钮（图1-5）。

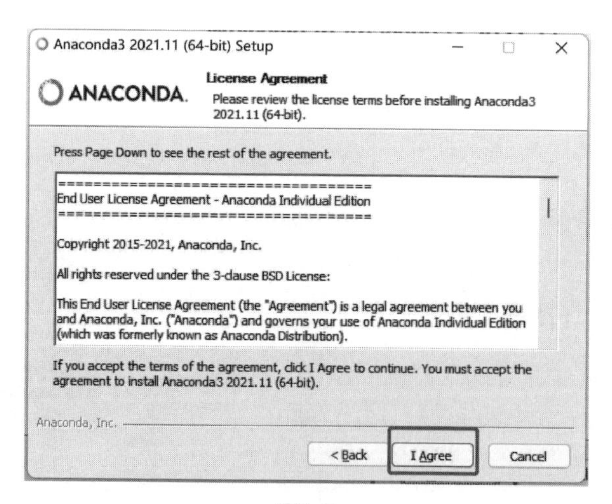

图1-5

默认选中“Just Me（recommended）”选项，接下来点击“Next >”按钮即可，如图1-6所示。如果同一台电脑有多人使用，而且都想要使用Anaconda功能，点击“All Users（requires admin privileges）”按钮，此操作需要管理员账号或具有管理员权限才能执行。

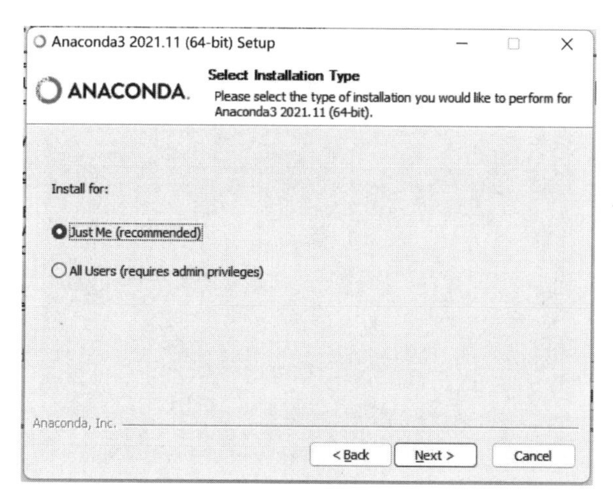

图1-6

选择安装路径，确保当前盘符下有足够的空间供安装Anaconda使用，点击“Next >”按钮即可完成安装，如图1-7所示。

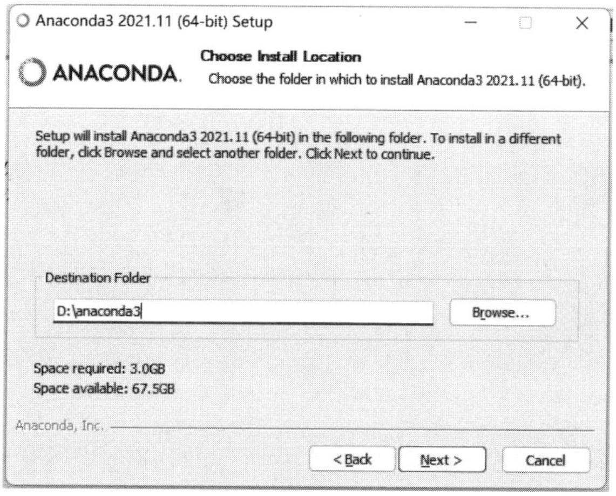

图1-7

通过开始菜单或者桌面图标启动Anaconda，如图1-8所示。

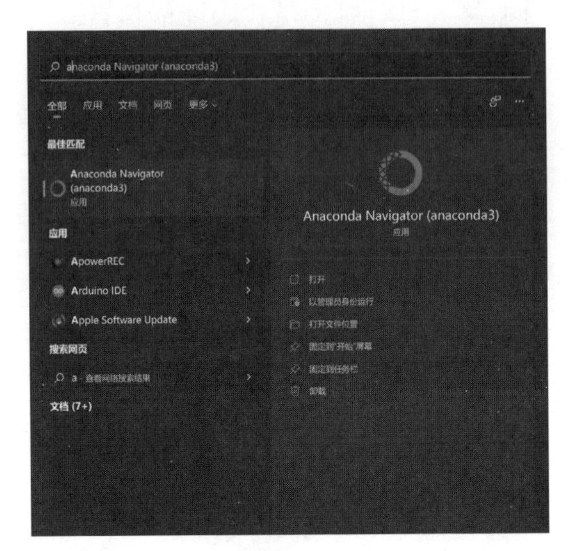

图1-8

待弹出Anaonda启动页，选择JupyterLab，点击“Launch”按钮，如图1-9所示。

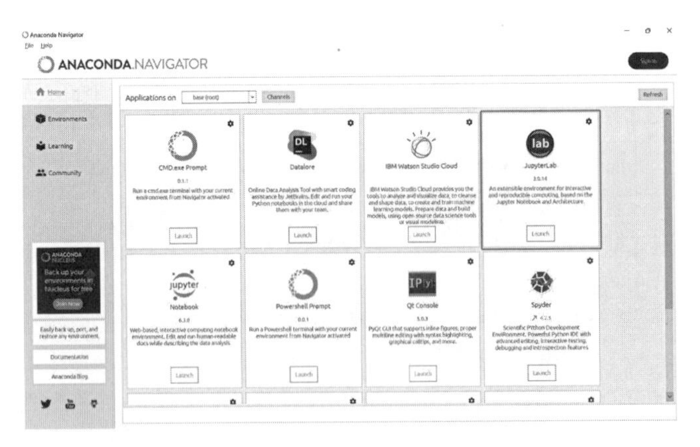

图1-9

待浏览器弹出JupyterLab页面，点击框中的“Python3”进入，如图1-10所示。

JupyterLab是机器学习领域使用最广泛的程序编辑器之一，后续程序都会在该编辑器编写并执行。

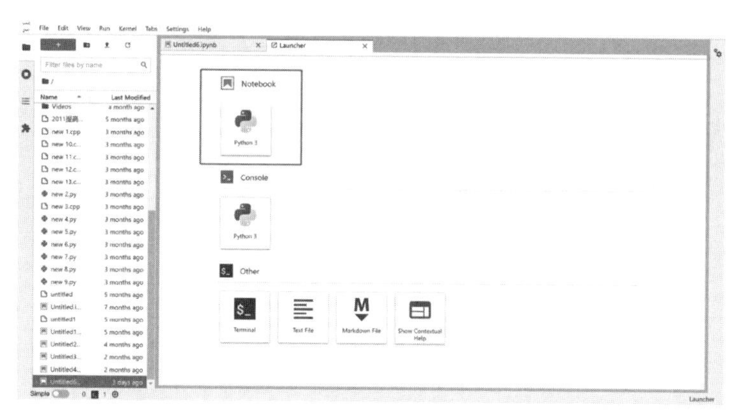

图1-10

在输入框中输入代码1-1中的两行程序，用以查询Python版本号，点击按钮区域黑色小三角执行程序。

代码1-1

```
import sys
print(sys.version)
```

可以看到我的Python版本是3.8.8，如图1-11所示。

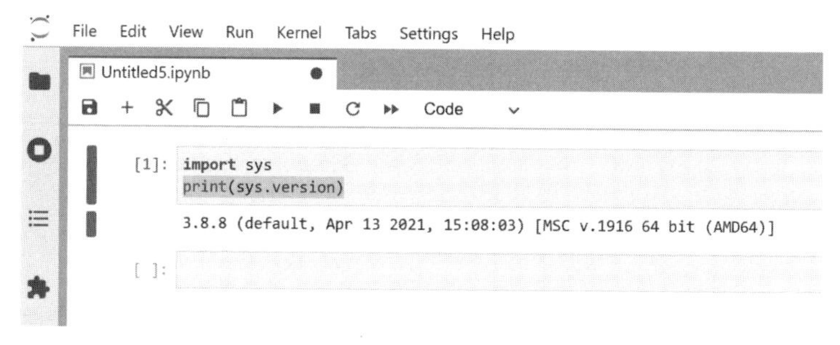

图1-11

在新出来的输入行中输入代码1-2中的程序语句，查看安装包的版本号，如图1-12所示。如果以上两个都没有报错，就代表可以愉快地开始我们的机器学习之旅啦！

代码1-2

```
!pip list
```

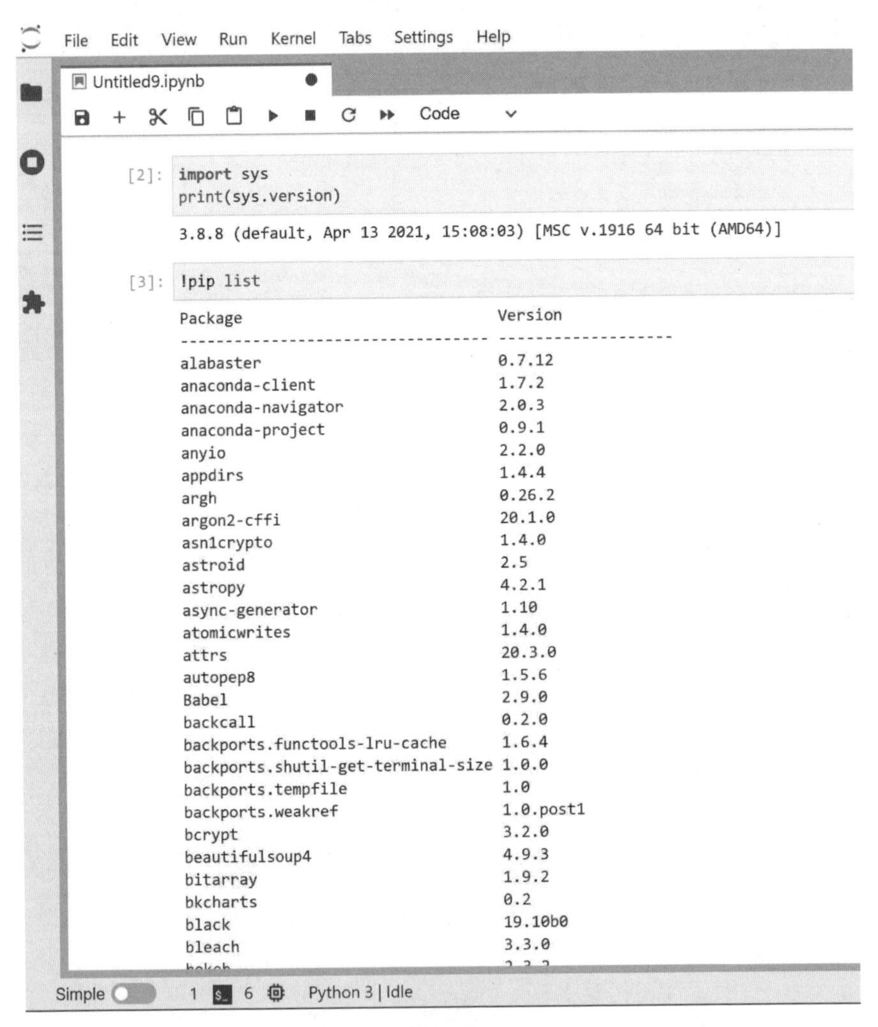

图1-12

1.3 小结

本章我们一步步地安装了Anaconda，并检验了安装的版本。你也许不知道是什么意思，但是试着在JupyterLab中输入了代码，这些都为后续学习Python语言做好了铺垫。

程序的嘴巴：输出、变量

如果程序世界也有一扇大门，那么最显著的位置必然镌刻着“Hello，World!”这句话。它是这趟奇妙旅程的起点。

2.1 开始奇妙旅程：Hello, World!

让电脑输出需要使用print( )这条输出指令，将要输出的内容写在print("")的双引号内。记得一定要用英文输入法下的括号和双引号。分别输入代码2-1和代码2-2进行输出。

代码2-1

```
print("Hello, World!")
```

看到屏幕显示“Hello, World！”的那一刻，你已经推开了程序世界的大门，揭开了它的神秘面纱。接下来，它将激发你的智力，释放你的想象力和创造力，并考验你的毅力。

代码2-2

```
print("你推开了大门，开始了故事的第一章，希望的种子已经种下。")
```

2.2 打印古诗：格式化输出

尝试打印诗人李白的《望庐山瀑布》，在语文课本上，古诗总是一句一换行，所以要在每句结尾换行。

日照香炉生紫烟，

遥看瀑布挂前川。

飞流直下三千尺，

疑是银河落九天。

如果把这四句都放在一个print( )语句中，如代码2-3所示，结果会怎样呢？

代码2-3

```
print("日照香炉生紫烟，遥看瀑布挂前川。飞流直下三千尺，疑是银河落九天。")
```

结果是所有内容都输出在一行上。每句结尾换行的办法是在双引号的内容里加入转义字符："\n"（代码2-4）。

代码2-4

```
print("日照香炉生紫烟，\n遥看瀑布挂前川。\n飞流直下三千尺，\n疑是银河落九天。\n")
```

这里的"\n"是转义字符，电脑看见这个字符后，并不会原样输出"\n"，而是"读懂了"这个字符背后的意思，就好像你和朋友约定的暗号一样。转义字符在很多计算机编程语言中都是通用的，比如在C++语言中，"\n"也代表换行。

另一种办法是使用四句print( )语句，print( )语句默认输出后会进行换行，如代码2-5所示。

代码2-5

```
print("日照香炉生紫烟，")
print("遥看瀑布挂前川。")
print("飞流直下三千尺，")
print("疑是银河落九天。")
```

此外print( )语句还有两个常用的参数“end”和“sep”。参数可以简单理解为一个会对主要功能产生影响的值，比如看电视的时候，会调整音量和频道，这里的音量和频道就是参数，它们会在你看电视时，对你看的节目和听的声音大小产生影响。参数“end”决定了print( )语句输出内容后，以什么符号结束。参数“sep”决定了当打印多个值时，以什么符号分隔这些值（代码2-6）。

代码2-6

```
print(2, 3, end = "")
print(4, 5, end = "")
print(2, 3, sep = "@")
print(4, 5, end = "*", sep = "@")
```

运行代码后，输出结果为：

2 3 4 5 2@3

4@5*

其中第一行的“2 3 4 5 2 @3”是第一、二、三条print( )语句输出的内容，因为第一、二句将参数“end”设置成了空格，所以并没有换行。末尾为“2@3”，是因为将参数“sep”设置成了“@”，使打印的元素之间不再使用默认的空格分隔。第二行的“4@5*”是将结尾字符设置成了“*”，而连接符变成了“@”。

细心的你也一定发现了，代码2-6中并没有把要输出的内容放在双引号里，也没有引发报错。print( )语句在输出数字时，并不需要放在双引号里，但是输出文字时必须将文字放在双引号中，否则会被认为是一个“对象”，如果事前没有定义的话，就会报错。

单纯地使用print( )语句就可以做很多好玩的事，比如画出一只可爱的皮卡丘（代码2-7）。

代码2-7

```
print('''
     ヘ         /|
    /\7      ∠_/
   / │     / /
  │ Z _,<  /     /`ヽ
  │        ヽ    /   〉
   Y        `  /   /
  ｲ● 、 ●    ⊂⊃〈   /
  ()  へ       |  \〈
   >ｰ 、_   ィ  │ //
   / へ    / ﾉ<| \\
   ヽ_ﾉ   (_/  │//
    7          |/
    >―r￣￣`ｰ―＿
    ''')
```

皮卡丘的头部和尾部分别有“'''”，这表示接下来的内容将要跨行打印。

2.3 电脑里的东西保存在哪：初探变量

2.2节输出古诗，只能输出一次，下次输出的时候，还要再手工录入一遍，很是麻烦。想要在程序中反复使用某个值、某句话，就要把它们保存起来，这就需要定义变量，即向电脑申请一块空间，用来存储数据，达到反复使用某一个数据的目的（代码2-8）。

代码2-8

```
a = 1
print(a)
```

将整数1保存在变量a中，通过print( )语句打印变量a的值。这里的等号“=”，并不是数学中的相等的意思，而是赋值符号，将右边的值放在左边的变量中。如果把变量想象为一个盒子，可以理解成图2-1所示形式。

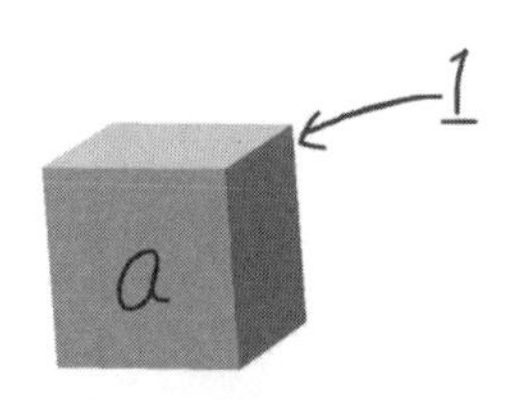

图2-1

如果把不同的值依次放进变量盒子中（代码2-9），变量的值最后会是多少呢？

代码2-9

```
a = 1
print(a)
a = 2
```

```
print(a)
a = 3
print(a)
```

程序运行的结果是换行输出了1、2、3，也就是每次给变量赋新值后，原来的值就被丢掉了。看，变量也是“喜新厌旧”的！

2.4 别把不同的调料倒在一个瓶子里：区分数据类型

刚才的程序中，输出文字时需带双引号，输出数字时又无需带双引号，这实际上是由数据类型决定的。

打个比方，家里的厨房中有盐、糖、酱油、醋这些调料，它们会装在不同的瓶子里，把数据看成一种调料，那么瓶子就是数据类型。可使用“type( )”函数查看不同数据的类型，如代码2-10所示。

代码2-10

```
print(type(1))
print(type(1.0))
print(type("1"))
```

输出为：

<class'int'>

<class'float'>

<class'str'>

1，1.0，“1”这三个看起来一样的数据竟然是三种不同的类型。int代表整型；float代表浮点型，就是小数；str是英文单词string的缩写，

代表字符串型。

若是将它们的值分别赋给变量a、b、c，则变量a、b、c就具有了它们的类型，a是整型变量，b是浮点型变量，c是字符串型变量（代码2-11）。

代码2-11

```
a = 1
b = 1.0
c = "1"
print(type(a))
print(type(b))
print(type(c))
```

为什么要做这些区分呢？举个例子，我们编程时经常听说或遇到把“1”和“2”用“+”相加，结果得到“12”的程序，说明对于不同的类型，它们处理这些符号的方式是不同的。就好比把同一个篮球分别给到不同的篮球队，大家打出来的风格是不同的。

这里介绍整型和浮点型变量常用的七个算数运算符（表2-1），其用法见代码2-12。

表2-1

运算符	功能描述
+	加，如a + b
-	减，如a - b
*	乘，如a * b
/	除，如a / b
//	整除，取a / b的商

续表

运算符	功能描述
%	取模，取a / b的余数
**	乘方，如a ** b，计算a的b次方

代码2-12

```
a = 10
b = 5
print(a + b)
print(a - b)
print(a * b)
print(a / b)
print(a // b)
print(a % b)
print(a ** b)
```

输出结果为：

15

5

50

2.0

2

0

100000

在这个程序中，打印输出的是一个式子的值，这种式子称为表达式。有时候需要将变量的值、表达式的值和字符串一起输出，比如

“我有5支钢笔，每支10元，这些钢笔总共花了我50元。”这句话，如果用变量a替换钢笔支数，b替换钢笔单价，那么需要使用format( )函数，将变量和表达式的值插入到字符串中表示（代码2-13）。

代码2-13

```
a = 5
b = 10
print("我有{}支钢笔，每支{}元，这些钢笔总共花了我{}元。".
format(a, b, a * b))
```

将原来数值部分替换成一对大括号，相当于一个占位符，称为槽。字符串后面加上“format( )”函数，依次出现的变量或表达式在输出时替换槽。

2.5 小结

在本章中，我们编写了第一个Python程序，掌握了print( )语句的使用方法，认识了变量，能够分辨出变量的类型，并能使用变量进行算数运算。这里要注意，算术运算符也遵循和数学一样的优先级规定，即先乘除后加减。

计算机的耳朵：输入语句

第2章我们学会了如何让电脑开口说话，这一章学习如何让电脑听见我们说的话，即程序的输入。

生活中用到输入的时候很多。微信里想和朋友打个招呼，就需要输入文字或语音；微博上想分享自己的所见所闻，也需要输入文字或图片；去银行取钱需要输入银行卡密码；就连家里用电饭煲，设置蒸饭的时长，也是一种输入。

3.1 来自电脑的第一声问候：input( )语句

Python中输入要使用input( )语句，input( )会把从键盘输入的数字、字符转换为字符串（代码3-1）。

代码3-1

```
a = input( )
print(a)
print(type(a))
```

执行程序后，会看到一个闪动的光标，之后输入数字，第一行会输出原来的数字，第二行会输出变量a的类型 <class'str'>，即字符串。

现在这个闪动的光标不太容易被察觉，可加入一些提示语。比如“请输入你的名字”，可以把程序改为代码3-2。

代码3-2

```
name = input("请输入你的名字：")
print("早上好，{}".format(name))
```

执行程序后，命令行会显示input( )中的提示语“请输入你的名字：”，在闪动的光标后输入自己的名字，就会得到来自电脑的第一声问候。

3.2 超级变变变：数据类型的转换

在代码3-1中，我们输出了变量a的值和类型，值看上去是一个数字，而类型是字符串，这是一个关键信息，需要格外地留意。

尝试输入两个数字，计算它们的和（代码3-3）。

代码3-3

```
a = input("请输入第一个数字：")
b = input("请输入第二个数字：")
print(a + b)
```

假如你输入的第一个数字是1，第二个数字是2，期待输出它们的和是3，结果发现居然是12，会不会很纳闷？这是因为变量a和b都是字符串类型，它们之间的“加法”是把字符串b拼接在字符串a的后面。

要想顺利地进行两个数字的加法，要用到eval( )函数，它会返回一个表达式的值。但如果输入的是字符，而非数字，那么就会报错了，如执行代码3-4所示的程序，会报错。

代码3-4

```
a = input("输入一个英语单词": ")
print(eval(a))
```

Python会毫不客气地显示下面的报错信息，告诉你eval( )可不能乱加。

```
Traceback (most recent call last):
  File "<pyshell#6>", line 1, in <module>
    print(eval(c))
  File "<string>", line 1, in <module>
NameError: name 'wowoowo' is not defined
```

对代码3-3进行如下改进，让电脑真正去计算两数之和（代码3-5）。

代码3-5

```
a = eval(input("请输入第一个数字:"))
b = eval(input("请输入第二个数字:"))
print(a + b)
```

3.3 倒背如流：输入输出小游戏

“倒背如流”这个词常用来形容对某件事印象深刻。著名的作家巴金先生，就能把《古文观止》倒背如流，电脑的记性也是非常好的，浩如烟海的图书馆藏只在存储器中占据小小一隅。不过让它倒着背，也许是个小小的挑战。咱们对它放低要求，让它倒转一个三位数就行。比如三位数是“123”，倒转过来就是“321”。

面对一个棘手的问题，可以想想那个冷笑话：如何把大象放进冰箱？只需要三步——打开冰箱门，把大象放进去，关上冰箱门。在写程序的时候，也可以这么考虑，先构建程序的框架，再解决细节。

步骤1：读入一个三位数；

步骤2：反转这个三位数；

步骤3：输出这个反转后的三位数。

思路明确了，显然输入和输出都是简单的，而反转是相对困难的。回忆两个算法运算符——取模和整除，分别是%和//。取模可以将一个数字的个位数取出来，比如15 % 10 = 5，15去除10，商是1，余数是5。整除10则可以将一个数缩小，并抹除数末位的数字，比如15 // 10 = 1。这样交替使用取模和整除，就可以得到数中的每一个数字。

代码3-6

#读入一个三位数

```
a = eval(input("请输入一个三位数："))
```

#拆分出三位数的个、十、百位，并保存在变量ge、shi、bai中

```
ge = a % 10
shi = a // 10 % 10
bai = a // 100
```

输出的时候，先输出个位，再输出十位、百位即可。

```
print(ge, shi, bai, sep = "")
```

3.4 小结

本章讲解了Python中的input( )语句，它将读入的内容保存为字符串，在后面的代码实验中，应用其尝试了不同的输入。生活中其实还有许多常见的广义“输入”，如摄像头输入的影像、麦克风输入的声音等，要记得认真观察和寻找哦！

对错要分辨：if语句

今天中午吃什么？米饭还是面条？

周末去哪里玩？游乐园还是动物园？

生活中总面临着各种选择，也正是这些选择塑造了你我不同的人生。

4.1 if语句和判定条件

选择重要又常见，Python使用if语句来表达这种选择，比如下面这个例子。

```
if 明天天气好：
    我就去动物园
```

如果明天确实是个好天气，我就去动物园。关键字if的意思是如果，它后面跟着的是判定条件。这里的判定条件通常是一句值为布尔类型的表达式，也就是说“非真即假”，不存在“可能”“大概”“差不多”这种结果。

如果判定条件为真，Python就会执行if语句下一行的缩进语句；如果判定条件为假，那么缩进的语句就不会被执行。

4.2 关系运算符

最简单的判定条件可以按照所使用的运算符分成两类：一类是使用大于“>”、小于“<”、等于“= =”等关系运算符；另一类则是使用“与”或“非”等逻辑运算符。先看看关系运算符的例子（代码4-1）。

代码4-1

```
if 2 > 1:
    print("2大于1")
```

如果2大于1，那么打印“2大于1”。这里的2 > 1就是使用关系运算符构成的简单判定语句，显然，2是大于1的，所以执行了if语句后的print( )语句。

为了更加清楚何为“表达式的值”，可以试试代码4-2的语句。

代码4-2

```
print(2 > 1)
```

运行后，屏幕显示True，即2 > 1这个表达式的值为真。

Python中的关系运算符总共有6种，如表4-1所示，只要涉及数值的比较，就会用到它们，因此它们非常常用，需要记住。

表4-1

关系运算符	
>	大于
<	小于

续表

关系运算符	
>=	大于等于
<=	小于等于
==	等于
!=	不等于

这里有一个初学者经常混淆的点：在Python中，单个“=”是赋值符号，比如a = 5，是将整型变量a赋值为5。而比较两个值是否相等，用“= =”。这里很容易出错，因为在数学中，“=”才是等号，可是在大多数计算机语言中，“=”用来赋值，“= =”用来比较数值。比如代码4-3所示的错误的例子。

代码4-3

```
a = 5
if a = 5:
    print("a的值是5")
```

如果你这么写，保存运行后，Python将弹出如图4-1所示的语法错误的提示。

图4-1

Python检查了代码，并告诉我们这么做是不对的哟！问题就出在if后面需要一个判定条件，而这里却放了一个没有真或假作为结果的赋值语句。

4.3 逻辑运算符

介绍了关系运算符，再来看看逻辑运算符。“逻辑”这个词听起来很专业，Python中的逻辑运算符其实没有那么复杂，初学阶段常用的就三种——与、或、非。举个考试成绩的例子来说明。

爸爸对小图灵说：“儿子，这次期末考试，如果你语文和数学都考了100分，爸爸就给你买套乐高！”

嗯，爸爸其实很精明，小图灵还挺难弄到这套乐高的，因为他语文和数学都要得100，稍有失手，就和乐高失之交臂了。

这里的“和”就是逻辑“与”，在Python中对应的关键字是“and”。

写成Python伪代码是：

```
if 小图灵的语文成绩 = = 100 and 小图灵的数学成绩 = = 100:
    爸爸奖励小图灵一套乐高玩具
```

那小图灵要怎么破解呢？既然爸爸“漫天要价”了，咱们安排小图灵“坐地还钱”。小图灵对爸爸说：“爸爸，咱们真诚一点，我数学或者语文有一科考过85，就给买套乐高行不行？”

这里的“或者”就是逻辑“或”，用“or”表示。小图灵表达的意思翻译成Python伪代码：

if 我的数学成绩 >= 85 or 我的语文成绩 >= 85：

　爸爸要给我买一套乐高

爸爸看调动了小图灵的积极性，于是补充道："儿子，成绩可以按你说的办，那爸爸再提一个要求，明天不能玩手机了。如果你同意了，爸爸带你吃顿好的。"

小图灵一听突然间就扯到手机上了，不由得悲从中来，默默流下了两行眼泪并点了点头。

这里爸爸的要求是小图灵不能玩手机，可以用逻辑"非"（"not"）来表示：

if not 明天小图灵玩手机：

　爸爸奖励一顿好吃的

相信你读完小图灵的故事后，对逻辑运算符有点感觉了，而且也发现逻辑运算符是可以和关系运算符一起使用的（代码4-4）。

代码4-4

```
chinese = 100 #定义变量chinese为小图灵的语文成绩，并设初始值为100
math = 100    #定义变量math为小图灵的数学成绩，并设初始值为100
if chinese == 100 and math == 100:
    print("爸爸奖励小图灵一套乐高玩具")
```

在这段代码中，假设小图灵的数学和语文成绩都特别棒，都能得100分，那么条件达成，小图灵会得到奖励。这里隐含着两个问题。

第一个问题是，if语句中有两个关系运算符和一个逻辑运算符。我们知道数学中有先乘除再加减这样的运算符优先级规定，在这里，我们只要记住，关系运算符的优先级大于逻辑运算符，即关系运算先做，逻辑运算后做，就暂时够用啦！

第二个问题是，当逻辑运算符连接两个判定条件时，最后的值是如何计算得到的呢？这里引入一个被称为真值表的表格（表4-2），先预设判定条件A为小图灵的语文成绩和100是否相等，判定条件B为小图灵的数学成绩和100是否相等。

表4-2

A	B	A and B	A or B
True	True	True	True
True	False	False	True
False	True	False	True
False	False	False	False

把表4-2按行翻译成四句话就是：

小图灵语文得了100分是真的，数学得了100分是真的，那么小图灵的语文和数学都得了100分是真的，小图灵的语文或数学得了100分是真的。

小图灵语文得了100分是真的，数学得了100分是假的，那么小图灵的语文和数学都得了100分是假的，小图灵的语文或数学得了100分是真的。

小图灵语文得了100分是假的，数学得了100分是真的，那么小图灵的语文和数学都得了100分是假的，小图灵的语文或数学得了100分是真的。

小图灵语文得了100分是假的，数学得了100分是假的，那么小图灵的语文和数学都得了100分是假的，小图灵的语文或数学得了100分是假的。

这张表格不用记，因为逻辑运算是符合生活常识的，用的时候推导一下就好了。

4.4 if的另一半else

前面的例子中，只有if语句的判定条件为真，Python才会执行相应的语句，并没有处理条件语句为假的情况。这就好比，考试考好了会得到奖励，考坏了也不能不提了呀！

if 小图灵考试考好了：

  爸爸会奖励小图灵

else：

  小图灵瑟瑟发抖

这里继续拿小图灵举例，发现语句中多了一个“else:”不满足if判定条件的情况，都会来到这个分支里，写成代码就是代码4-5。

代码4-5

```
a = 58    #用变量a来保存小图灵的成绩，这次小图灵没考好，得了58分，没及格
if a > 60:
    print("小图灵的表现在爸爸眼里还说得过去")
else:
    print("该批评教育了")
```

在这里，初始化整型变量a的值为58，接着和60做了一个比较大小

的判断，最后因为a不大于60，所以会执行else分支内的语句，即输出“该批评教育了”。

有了else语句后，每次遇到判定条件时，就像来到了一个丁字路口，要么向左，要么向右。既然有了丁字路口，是不是还有十字路口，甚至更多的岔路呢？答案是肯定的。

4.5 elif和多分支

多分支就像一个有很多选择的路口，我们通过一个检测身体质量（BMI）的小程序（代码4-6）来说明它。运行这个程序，输入你的身高和体重，程序会计算出一个BMI系数，根据BMI系数的大小来判断你是过轻、正常、超重还是肥胖。

BMI系数的计算公式是：BMI = 体重 ÷ 身高的平方，并将BMI的结果简单处理为4种：

① 低于20，过轻；

② 20 ~ 25，适中；

③ 25 ~ 30，过重；

④ 高于30，肥胖。

代码4-6

```
h = float(input("请输入你的身高，单位为米:"))
w = float(input("请输入你的体重，单位为千克:"))
BMI = w / (h * h)
if BMI < 20:
    print("过轻")
```

```
elif BMI < 25:
    print("适中")
elif BMI < 30:
    print("过重")
else:
    print("肥胖")
```

这段代码中出现了一个新的关键字elif，很眼熟，它就是else if的缩写，表示否则如果。知道了elif的意义，咱们来翻译一下这段代码。

将身高定义为h，并读入h的值。将体重定义为w，并读入w的值。按照公式计算BMI的值。如果BMI的值小于20，就输出“过轻”；否则如果小于25，就输出“适中”；否则如果小于30，就输出“过重”；如果大于等于30，就输出“肥胖”。

把自己的身高、体重输进去，看看结果吧！也可以让爸爸妈妈测试一下，他们一定会为你编写的这个小测试感到开心的！

这时候该有同学感到疑惑，如果BMI计算完是一个小于20的数字，比如15，会不会出现多个结果呢？因为15不仅小于20，还小于25和小于30。答案是不会的，因为elif是排除了上一个分支的情况，就比如elif BMI < 25 这句，如果用if改写，就会变成if BMI >= 20 and BMI < 25，所以不会出现错误的情况。

好了，咱们来做个类似的小练习，看看你有没有熟练掌握多分支情况。输入你的数学考试成绩，假设分数是百分制，且得分都是整数的情况，如果大于等于85，就输出“优秀”；如果大于等于70且小于85，就输出“良好”；如果大于等于60且小于70，就输出“及格”，如果还没有到60，就输出“不及格”（代码4-7）。

代码4-7

```
s = int(input("请输入你的数学考试成绩："))
if s >= 85:
    print("优秀")
elif s >= 70:
    print("良好")
elif s >= 60:
    print("及格")
else:
    print("不及格")
```

如果你能很顺利地完成这部分代码，证明你对多分支情况下if...elif...else...的应用已经熟练了。接下来看看if语句嵌套使用的情形。

4.6 if语句的嵌套使用

在前面的例子中，为了便于理解，在if语句完成判断后，都使用了print( )语句，输出一个预设的结果。假如把print( )语句换成if语句就成为了一个if语句的嵌套形式。

if 小图灵写完了作业：

  if 夜色很美：

    就去看星星

  else：

    蹭爸爸的游戏机玩一局

在这个伪代码示例中，首先要满足写完作业的条件，小图灵才有心思看看夜色美不美，才会有后面的选项。

需要注意的是，尽量不要把语句的嵌套层数写得过多，因为Python的强制缩进会让格式变得难以阅读，另外代码的出错率也会增加。

4.7 性格测试器

你喜欢的颜色是红色，你喜欢的小动物是狗，你的血型是A型，那你一定是一个热情、忠诚、又伤感的人呢！

人们有时热衷于探究自己的性格，于是希望通过测试来洞悉内心，时不时还要借助点小道具，今天我们来做一个性格测试机。我们没办法像机器猫一样从四维口袋里直接翻出一个成型的产品，所以还得一点一点归纳自己的想法。

4.7.1 准备一些问题和答案

先来收集一些问题并预设一些答案，可以找纸笔写下来，比如：

你更喜欢的电影演员是谁？

A.姜文　　　　B.葛优

你更喜欢的冰激凌口味是什么？

A.草莓　　　　B.巧克力

你更喜欢的运动是什么？

A.足球　　　　B.篮球

因为要收集测试者的回答，所以要用到input( )语句，可以先写出代码4-8所示的语句。

代码4-8

```
print("---性格大测试---")
print("1.你更喜欢的电影演员是谁？\nA.姜文 B.葛优")
answer = input("::")
print("2.你更喜欢的冰激凌口味是什么？\nA.草莓 B.巧克力")
answer = input("::")
print("3.你更喜欢的运动是什么？\nA.足球 B.篮球")
answer = input("::")
```

第一行的print( )语句为整个测试添加了一个标题，后面的三个print( )语句提出了问题。接下来用input( )语句接收一个字符串作为答案。

当有了足够多的问题和答案时，就可以转向下一步——组织和使用这些问题。

4.7.2 准备几段性格特征描述

因为测试的最终目的是为测试者匹配一段性格特征描述，比如“你幽默得体不失庄重，阳光自信又活泼好动。控制你的脾气，爱你身边的人，你的人生将一帆风顺”。

一个测试肯定要有好多这样的答案，如代码4-9所示。

代码4-9

```
res_1 = "你幽默得体不失庄重，阳光自信又活泼好动。控制你的脾气，爱你身边的人，你的人生将一帆风顺"
res_2 = "你妙得无法描述，正如这神奇的Python语言"
res_3 = "你...，你健康地活下去吧"
```

在代码中可以将这些字符串预先存为变量，以便后续使用。

在刚才写下问题和答案的页面再增加一些预设的描述，当然一定会比上面写得更精彩。

4.7.3 现在万事俱备，还需一点小技巧

如果你已经有了前两部分，一定会问什么时候开始写代码，别忙，长期的数据统计证明，最好的程序员每天只敲100行以内代码，其余的时间他们在思考。

现在我们的任务是根据测试者的答案，给他们匹配不同的性格描述。这里需要预设一些规则，最简单的规则是给每个答案不同的分数，将每道题的分数相加，再根据最后的总分进行匹配（代码4-10）。

代码4-10

```
print("1.你更喜欢的电影演员是谁？\nA.姜文 B.葛优")
answer = input("::")
if answer == 'A':
    total += 1
elif answer ==  'B':
    total += 2

print("2.你更喜欢的冰激凌口味是什么？\nA.草莓 B.巧克力")
answer = input("::")
if answer == 'A':
    total += 1
elif answer ==  'B':
    total += 2
```

```
print("3.你更喜欢的运动是什么？\nA.足球 B.篮球")
answer = input("::")
if answer == 'A':
    total += 1
elif answer ==  'B':
    total += 2
```

在这段代码中，选择A选项将得到1分，选择B选项将得到2分。total变量负责将每个题目的得分加在自己身上，也就是用来统计总分。

当然这只是一种规则，你可以给不同题目的不同选项设置不同的分数，这完全是你的个人喜好。

简单地算一下，如果按照这种计分规则，测试者全部选了分值较低的A，将得到3分；全部选择了分值较高的B将得到6分，也就是测试者最终得分将是3 ~ 6分。

4.7.4 输出结果，看，多准!

上一步最后估算的得分区间派上了用场，因为测试者得分的区间是[3, 6]，可以将其划分为三段，分别是{3}、{4}、{5, 6},这样可对不同得分的人输出不同的预设结果（代码4-11）。

代码4-11

```
if total >= 5:
    print(res_1)
elif total >= 4:
    print(res_2)
```

```
else:
    print(res_3)
```

来看一下完整代码（代码4-12），第一部分预设了匹配结果，第二部分为测试者展示测试题，并接收输入作为选择，最终根据测试者得分输出性格特征描述。

代码 4-12性格测试器完整代码

```
print("---性格大测试---")
total = 0
res_1 = "你幽默得体不失庄重，阳光自信又活泼好动。控制你的脾气，爱你身边的人，你的人生将一帆风顺"
res_2 = "你妙得无法描述，正如这神奇的Python语言"
res_3 = "你...，你健康地活下去吧"

print("1.你更喜欢的电影演员是谁？\nA.姜文 B.葛优")
answer = input("::")
if answer == 'A':
    total += 1
elif answer ==  'B':
    total += 2

print("2.你更喜欢的冰激凌口味是什么？\nA.草莓 B.巧克力")
answer = input("::")
if answer == 'A':
    total += 1
```

```
elif answer ==  'B':
    total += 2

print("3.你更喜欢的运动是什么？\nA.足球 B.篮球")
answer = input("::")
if answer == 'A':
    total += 1
elif answer ==  'B':
    total += 2
if total >= 5:
    print(res_1)
elif total >= 4:
    print(res_2)
else:
    print(res_3)
```

4.8 小结

在本章中，我们学习了关于if语句的大多数知识，熟悉了程序的选择分支结构，包括简单的if语句、if...else...语句、if...elif...else语句，何为判定条件，以及用于判定条件的逻辑运算符和算术运算符。最后，我们应用所学的知识编写了一个性格测试器。后面章节我们将学习更为复杂的程序。

if语句的升级版：while语句

记得小时候，北京电视台有一档收视率很高的电视节目——《第七日》，街坊邻里都爱看。节目开场白非常精彩，“生活就是一个七日接着又一个七日”，道出了平凡是真的滋味，也道出了本章的主题——不断地重复，即循环。

5.1 循环就是不断地重复：使用while语句

while语句可以看作if语句的升级版。if语句是判定条件为真时，就执行if语句后缩进的语句（对应代码5-1）：

如果1 < 2：

　打印yes

代码5-1

```
if 1 < 2:
    print("yes")
```

while语句是判断条件为真时，不断重复执行循环体里的语句（对应代码5-2）。

当1 < 2时：

打印yes

代码5-2

```
while 1 < 2:
    print("yes")
```

分别运行两段代码，执行if语句就只会打印1次yes，如果换成while语句，则会一直打印yes，进入死循环。这是因为1 < 2是一个永真的表达式，电脑会不断执行打印yes的语句。

5.2 不要“死循环”，循环计数器变量登场

显然用if语句的写法写while语句不行。为了避免永真的情况发生，也为了记录循环次数，可以先定义一个计数器变量，在循环中不断改变它的值，并依据它的值来决定下一次循环是否进行。

尝试代码5-3，换行输出1到5这五个数字。

代码5-3

```
i = 1
while i <= 5:
    print(i)
    i += 1
```

计数器变量i的初始值为1，当i小于等于5时，就做循环里的两件事，分别是打印i的值和把i的值增加1，如表5-1所示。

表5-1

循环次数	i的值	i <= 5的值	是否继续循环
第一次	1	真	是
第二次	2	真	是
第三次	3	真	是
第四次	4	真	是
第五次	5	真	是
第六次	6	假	否

回顾这个程序，首先计数器变量i必须有一个初始值，可以把它理解为循环的起点，即语句i = 1。接下来i <= 5描述了循环的终点是i的值大于5，换句话说，当i取值不超过5时，循环就要继续。循环体中的“i += 1”是变量i每次变化的值，相当于步长。如果步子大，比如i += 5，那么循环只需要一次就结束了，因为运行一次之后，i的值就成了6。

我们可以通过改变上面这三条语句，让循环发挥巨大的威力，尝试逆序打印100到1中所有的奇数。

首先考虑100以内最大的奇数是99，循环的起点可以从99开始，那么应该打印的是99 97 95 93 …，发现相邻两个奇数之间差值都是2，可以设置步长为 – 2，终点是i小于1，意味着i大于等于1时，循环继续（代码5-4）。

代码5-4

```
i = 99
while i >= 1:
    print(i, end = "")
    i -= 2
```

5.3 在循环中做判断：while嵌套if语句

刚才逆序打印了100 以内所有的奇数，为了熟练掌握while语句，现在难度再升级，打印1到n（10 < n < 1000）之间所有能被3整除的数字，用空格分隔。

首先读入n，并将n转换为整型，接着对1到n每一个数字做判断，如果这个数字除以3没有余数，那么输出这个数字（代码5-5）。

代码5-5

```
n = eval(input("请输入n的值："))
i = 1
while i <= n:
    if i % 3 == 0:
        print(i, end = "")
    i += 1
```

使用循环对i从1到n的每个取值进行判断的方式，称为顺序查找，是一种常见的查找方式。这有点像想不起自己的手机掉到家里哪儿的时候，妈妈会说，每个房间都找一遍，总会找到的。

5.4 猜数字小游戏

小时候，最期待的是生日，生日就会收到生日礼物。慢慢长大了，还是期待生日，期待爸爸妈妈的生日，送给他们礼物，只不过总会听到“别瞎花钱了”“这得多少钱啊”。不管怎么说，猜价格环节都是少不了的。

“得1000吧？”

“没有没有，哪有啊！”

“那也得700、800。”

“真没有！”

……

如果有一对执着的父母，他们不问出真正的价格不罢休，那这组问答就得一直持续下去。假设使用if语句，都不知道要写多少遍。

解决这个问题的办法就是使用while语句，当没猜对时，就让猜这个动作一直做。写成伪代码：

输入猜测的价格

当 猜的价格! = 礼物实际的价格时：

如果猜的价格高了：

就说猜贵啦

输入新的猜测价格

如果猜的价格低了：

就说猜少啦

输入新的猜测价格

首先确定好礼物的价格，比如500，再输入一个猜的价格，如代码5-6所示。

代码5-6

```
gift = 500
guess = eval(input("输入你猜的价格，提示价格在1到1000之
间:"))
```

程序片段的第二句，将读入一个字符串，并将其转化为数字，之后

将对比礼物的价格和猜测的价格。

接下来编写猜价格的逻辑（代码5-7）。

代码5-7

```
while gift != guess:
    if gift > guess:
        print("猜少了")
        guess = eval(input("再猜:"))
    if gift < guess:
        print("猜多了")
        guess = eval(input("再猜:"))
print("呼~终于猜对了")
```

为了增加游戏性，还可以进行小修改，比如引入随机数，现在的礼物价格是固定写在程序中的500，可以引入随机数赋值给gift变量（代码5-8）。

代码5-8

```
import random
gift = random.randint(1, 1000)
```

第一句代码导入随机数包，里面包含了生成随机数的工具。第二句会生成一个包含1和1000的随机数，并将数值赋给变量gift。我们可以使用print( )语句测试gift的值，看看是不是生成了一个随机值。

此外，在猜价格时，记录猜测的次数，这样当最后输出时，可以用来对比大家的猜价格水平。将引入随机数和记录猜测次数这两个想法加入后的完整代码如代码5-9所示。

代码5-9

```
import random
gift = random.randint(1, 1000)
count = 1
guess = eval(input("输入你猜的价格,提示价格在1到1000之
间:"))
while gift != guess:
    if gift > guess:
        print("猜少了")
        guess = eval(input("再猜:"))
        count += 1
    if gift < guess:
        print("猜多了")
        guess = eval(input("再猜:"))
        count += 1
print("呼~终于猜对了，一共猜了{}次".format(count))
```

5.5 小结

本章学习了while循环语句的使用方法，电脑擅长做“重复”的事，只是即使是不知疲倦的电脑，也无法无穷无尽地工作，一定要设计一个条件让电脑能够停下来。

6.1 while循环换新衣：使用for循环

for循环的功能和本质与while循环并无不同，只是形式上进行了改写。以输出10以内所有奇数这个程序为例，先来回忆while循环的写法（代码6-1）。

代码6-1

```
i = 1
while i < 10:
    print(i)
    i += 2
```

对应的for循环代码如代码6-2所示。

代码6-2

```
for i in range(1, 10, 2):
    print(i)
```

对比观察不难发现，多了一个不认识的range( )，而且括号里的参数还挺多。再仔细看看，第一个数字1对应了计数器变量i = 1，第二个数字10对应了i < 10，第三个数字2对应了i += 2。事实也是这样，for循环对while循环的写法进行了简化（图6-1）。

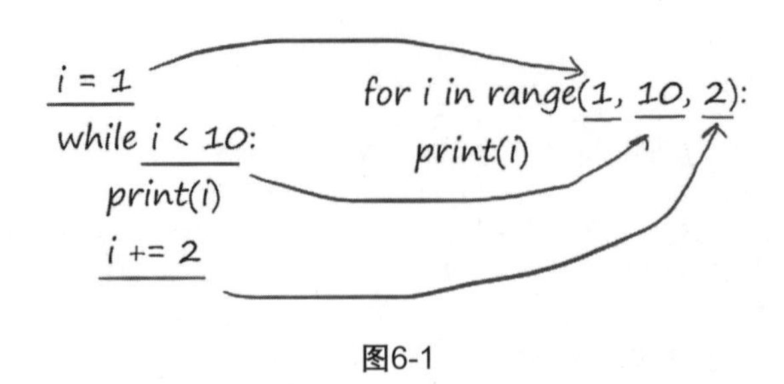

图6-1

继续深入讨论range( )函数，它在Python2.x版本中比较好理解，调用它会生成一个整数列表，循环变量可以依次取到这个整数列表中的值。而在Python3版本中range( )函数会返回一个可迭代对象，这个概念比较深奥，按照Python2.x版本理解即可。

需要特别注意的是：range( )函数中可以省略步长，且i的值取不到终点。看一个例子（代码6-3），输出1到10这10个数字。

代码6-3

```
for i in range(1, 11):
    print(i)
```

我们注意到在代码6-3中，为了打印到10，range( )函数里终点参数写为了11。因为省略了步长这个参数，所以i的取值每次默认增加1。而如果range( )只写一个参数，那么这个参数代表终点，起点默认为0，步长默认为1。

6.2 打印几何图形：for循环嵌套

因为小图灵是班里最聪明的学生，老师考虑交给他一个任务——打印一个由“*”组成的3×4阶矩阵（图6-2），他会想到什么办法呢？

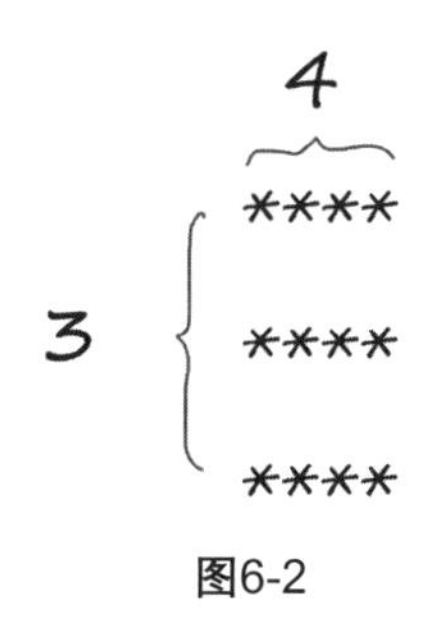

图6-2

最简单的莫过于调用三次print( )语句，如代码6-4所示。

代码6-4

```
print("****")
print("****")
print("****")
```

如果是100×4阶的矩阵呢？利用上面的办法就要写一百遍print( )语句，太不智能了，而且我们已经学过了while循环和for循环，小图灵信手拈来就能解决（代码6-5）。

代码6-5

```
for i in range(100):
    print("****")
```

现在要求又有一次提高，打印一个由“*”组成的n行m列（$1< n < m < 100$）矩阵，这怎么去做呢？

经过刚才的代码调试，小图灵发现一个规律，单纯的一层循环能够控制行数，而列数取决于print( )语句里“*”的个数，那么按照这个思路，在i循环里再嵌套一个j循环去控制print( )语句的调用次数，就可以打出由“*”组成的n行m列矩阵了（代码6-6）。

代码6-6

```
n = eval(input("请输入要打印的行数："))
m = eval(input("请输入要打印的列数："))
for i in range(n):
    for j in range(m):
        print("*", end = "")   #注意这里要改一下结束字符，
默认是换行，格式会乱
    print("") #这里实际上是输出了换行
```

在打印矩阵的时候，小图灵发现了规律，i循环的次数控制着图形有多少行，而j循环的次数控制着图形有多少列。信心满满的他决定挑战一下三角形。

```
*
**
***
```

一个n行的三角形，第一行只有一列*，第二行有两列，按照这个规律下去，第n行就有n列，那么在循环中尝试j的取值不要超过i（代码6-7）。

代码6-7

```
n = eval(input("请输入要打印的行数："))
for i in range(n):
    for j in range(i + 1):
        print("*", end = "")
    print("")
```

刚才的三角形各个“*”的位置如果填上乘法表达式，就是一张九九乘法表（图6-3）呀！

```
1*1=1
1*2=2  2*2=4
1*3=3  2*3=6  3*3=9
1*4=4  2*4=8  3*4=12
....
```

图6-3

仔细观察上面的九九乘法表，这些数字都可以用为j * i即列数*行数等于它们的乘积来进行替代（代码6-8）。

代码6-8

```
for i in range(1, 10):
    for j in range(1, i + 1):
        print("{}*{}={}".format(j, i, j*i), end = "")
    print("")
```

6.3 让电脑偷个懒：break和continue语句

学校的篮球队里10名队员，他们排成了一队，你的任务是找到穿着24号球衣的队员排在第几个（保证有24），如代码6-9所示。

代码6-9

```
t = -1
for i in range(10):
    t = eval(input("输入一个球员的号码："))
    if t == 24:
        print(i + 1)
```

虽然代码解决了问题，但是有点“傻”，不管有没有找到24号，都会把这10个队员全数一遍。如果这个24号队员恰好排在队伍的开头，那么剩下的9次查询都是不必要的。这时候就需要用到break语句，只要程序执行了break语句，就会跳出当前所在的循环，不管循环还剩多少次（代码6-10）。

代码6-10

```
t = -1
for i in range(10):
    t = eval(input("输入一个球员的号码: "))
    if t == 24:
        print(i + 1)
        break
```

这里的break加在了满足if语句后，即找到了，打印了位置后，就跳出循环。

continue语句和break语句使用方式类似，效果是跳过本次循环，这次让篮球队的每名队员报数，唯独跳过24号队员（代码6-11）。

代码6-11

```
t = -1
for i in range(10):
    t = eval(input("输入一个球员的号码: "))
    if t == 24:
        continue
    print(i + 1)
```

执行程序时，当找到号码为24的球员时，执行continue语句，直接跳过了本次循环之后的所有语句，进入了下次循环。

为了熟练掌握break语句的写法，尝试编写程序，输入一个正整数，判断其是否为质数，如果是质数，则输出该数字是一个质数，否则输出该数字是一个合数。

数学中对于质数的定义是：除了1和自身之外没有别的整数可以将这个数整除，这个数即为质数。所以从定义出发，读入一个数x后，用2到x－1这些数去除x，如果能将x整除，说明x是一个合数（代码6-12）。

代码6-12

```
x = int(input("请你输入一个数字:"))
flag = 1 #flag变量做标记使用，值为1表示可以先认为x是质数
for i in range(2, x):
    if x % i == 0:
        flag = 0   #如果x被i整除，那么将标记置为0，表示x是
合数
        break        #出现了一个因数就不需要再往后判断了
if flag == 1:    #出了循环依据标记的值进行输出
    print("{}是一个质数".format(x))
else :
    print("{}是一个合数".format(x))
```

测试上面的程序，输入29，输出29是一个质数；输入100，输出100是一个合数。

6.4 小结

本章学习了for循环的基本使用方法，这里需要对range( )函数的参数设置多加练习，因为三个参数都会导致循环次数的变化，容易混淆。6.2节、6.3节则是深入讨论了for循环的嵌套使用和break、continue语句，为后续学习多维数组打下基础。

Code

新的柜子：列表和元组

体测开始了，王老师知道小图灵在学习Python语言，于是给他分配了一项特别的任务，让他计算全班同学的平均身高。小图灵思考片刻，露出了伴有些许苦涩的微笑。

原来小图灵盘算着计算平均数倒是不难，只要把每位同学的身高都记录下来，将这些数值加在一起，然后除以全班同学的人数，就能计算出全班同学的平均身高了。不过全班有30个同学，按照之前学到的知识，要把这30个数据都存储下来，26个字母一个字母一个变量名都不够用，这程序写起来得多不方便呀！

真实生活中，经常需要处理大量的数据，此时肯定不能用一个一个变量来保存。

聪明的计算机科学家可是早就想到了这点，在Python中，用于保存大量数据的类型被称为序列类型。如果把变量比喻成一个盒子，序列就可以看作一排连在一起的盒子，可以看作一个柜子。

本章将介绍两种常用的序列类型——列表（list）和元组（tuple）。

7.1 定义列表 (list) 和元组 (tuple)

为了帮助小图灵存储全班同学的身高，首先定义列表（代码7-1）或元组（代码7-2），其过程和定义变量的过程类似。

代码7-1

```
#定义列表的方法
ls = []
print(ls1)
```

运行代码，输出结果是“[ ]”，表示成功定义了空列表。

代码7-2

```
#定义元组的方法
tp = ( )
print(tp1)
```

运行代码，输出结果是“( )”，表示成功定义了空元组。

7.2 初始化列表 (list) 和元组 (tuple)

显然小图灵需要把全班同学的身高放进列表或元组中，才能进行后续的计算。如果在定义列表或元组时就放入数据，这种方式被称为初始化，如代码7-3所示。

代码7-3

```
#简单起见，先对列表ls和元组tp初始化5个同学的身高
ls = [140, 135, 125, 135, 140]
print(ls)
```

```
tp = (140, 135, 125, 135, 140)
print(tp)
```

运行代码，可以从两行输出中看到这5个数据分别保存在了ls和tp中。可以理解为将5个整数放进了一个横着的柜子中（图7-1）。

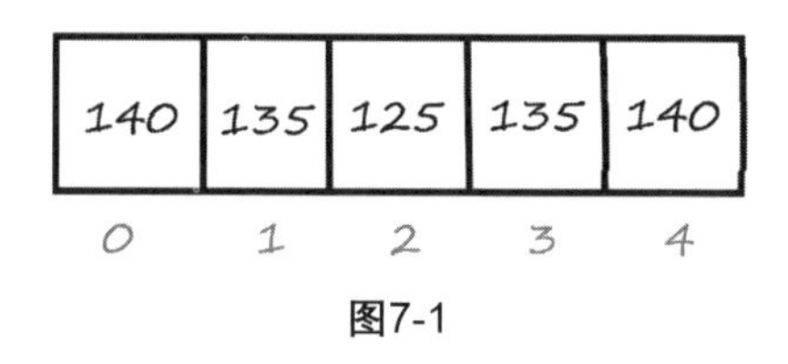

图7-1

到了这里，你一定会有个疑问，列表和元组除了括号不一样，其他都一样呀？的确，它们的操作非常相近，最主要的区别在于：元组是不允许修改的，而且只允许存储一种数据类型；列表允许添加、修改，而且允许存储多种类型。

7.3 尝试为列表（list）和元组（tuple）添加元素

又有一名同学完成了体测，他的身高是160。现在要把他的身高加入到序列中，尝试运行代码7-4和代码7-5，代码中的append( )方法用于在序列的末尾添加元素，看看它能否正常运行，为列表ls和元组tp各自添加一个元素。

代码7-4

```
ls = [140, 135, 125, 135, 140]
ls.append(160)
print(ls)
```

代码7-5

```
tp = (140, 135, 125, 135, 140)
tp.append(160)
print(tp)
```

运行代码7-4，列表ls在末尾位置顺利添加了元素160，如图7-2所示。

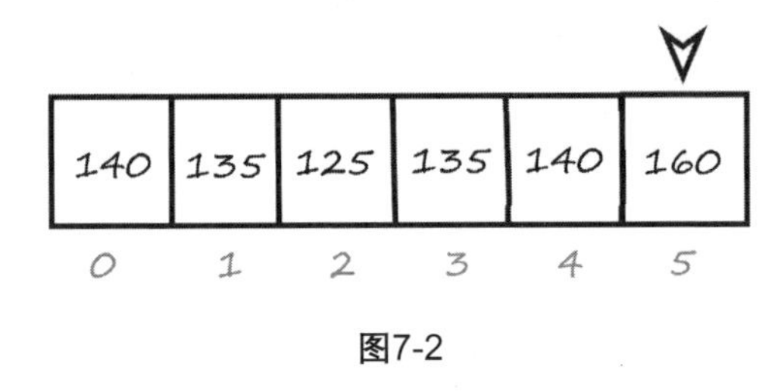

图7-2

而运行代码7-5则会得到一个报错提示：

AttributeError: 'tuple' object has no attribute 'append'

这句报错的意思是：元组没有append这个用于添加元素的方法。

列表允许添加、修改、删除元素，元组则“从一而终”，从它被创建的时候开始就无法改变。诸者可使用append( )方法分别尝试在列表和元组中添加元素。

7.4 尝试访问和修改列表 (list) 与元组 (tuple)中的元素

在体测的过程中，王老师突然想查询一个同学的身高，小图灵想身高的数据是按顺序添加的，所以只要知道该同学是第几个测量身高的就可以了。

比如小图灵知道自己是第一个测量的，此时他已经通过刚才的操作存储了6位同学的身高，那么他只需要访问ls列表中下标为0的元素就可以看到自己的身高数据了。

且慢！小图灵是第一个测的，怎么会访问下标为0的元素呢？而且下标是什么意思？首先下标可以理解为柜子上每个抽屉的编号，通过这个编号，对数据操作时才不会混淆。此外，计算机和人类不同，它更习惯于从0开始计数，所以Python语言的序列都是以下标0表示“第一个”元素的（代码7-6）。

代码7-6

```
#访问列表ls中下标为0的元素，查询小图灵的身高
print(ls[0])
#访问元组tp中下标为0的元素，也能查询到小图灵的身高
print(tp[0])
```

运行代码7-6后，会得到两个140，表示在列表ls和元组tp中都可以对数据元素进行访问。

恰好此时经过检查，小图灵发现，自己的身高是145，少录了5厘米，不行不行，得补上，这时候就需要修改ls[0]的值。

代码7-7

```
ls[0] = 145
#修改之后再检查一下
print(ls[0])
```

代码7-8

```
tp[0] = 145
print(tp[0])
```

分别运行代码7-7和代码7-8，列表ls能够完成对元素的修改，原来下标为0的格子里的元素被替换为了145（图7-3）。

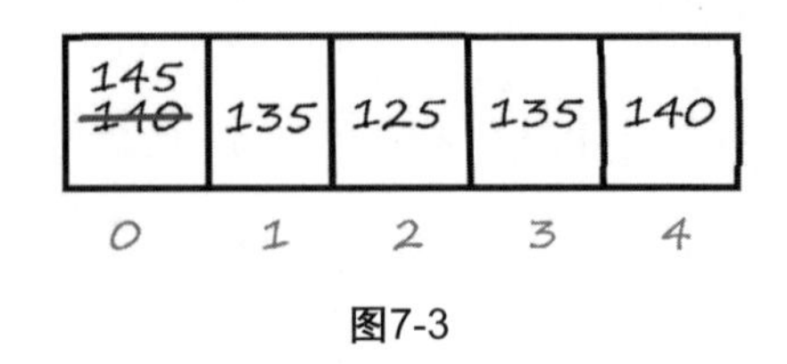

图7-3

修改元组元素时则会报错：

TypeError: 'tuple' object does not support item assignment

表示元组不支持对元素的修改。

7.5 遍历列表 (list) 和元组 (tuple)

老师看小图灵倒腾数据有一会儿了，就跟小图灵说，做的怎么样啦？能打印出来咱们先看看吗？小图灵想了想，然后跟老师说："好的，我把现在有的数据都给您看一下。"

代码7-9

```
for i in ls:
    print(i)

for i in tp:
    print(i)
```

代码7-9中两段代码的意思是将列表ls和元组tp中元素全部打印出来。

经过上面这一番折腾，有没有发现元组功能没有列表多，元组能做的列表能做，元组做不了的列表也能做。实际上元组虽然不能做添加和修改，但也因为“专一和刻板”获得了更快的运算速度，后续学习中还会碰到很多元组的。为了方便起见，本章后续内容全用列表实现。

7.6 完成实例：计算全班同学的平均身高

有了这些列表和元组知识，终于可以完成计算全班同学平均身高的任务了。秉持着将大象装进冰箱分三步的精神，第一步需要将全班所有同学的身高存入列表中，第二步将这些数据累加起来，最后根据数据算出平均值，如代码7-10所示。

代码7-10

```
#第一步 将全班所有同学的身高存入列表中
ls = []
#用num表示班级共有多少位同学
num = int(input("请老师输入班级里同学的数量："))
for i in range(num):
        #float( )将input( )读入的字符串转换为浮点型数值
    tmp = float(input("请测量完的同学输入自己的身高(单位cm)："))
    ls.append(tmp)

#第二步 计算全班同学身高的总和
s = 0
for i in ls:
    s = s + i
```

```
#第三步 计算全班同学的平均身高
avg = s / num
print(avg)
```

7.7 列表（list）的切片操作

除了常见的增删改查操作外，切片也是列表的常用操作。切片可以理解为遍历列表语句的缩写，具体可以看下面的例子（代码7-11）。

代码7-11

```
#初始化一个由霸天虎成员组成的列表
ls = ["威震天", "红蜘蛛", "声波", "轰隆隆", "迷乱"]
#威震天决定这次由红蜘蛛、声波等去执行任务，所以输出它们的名字
for i in range(1, 4):
    print(ls[i])
```

使用切片可以简化上面的for循环，达到同样的效果（代码7-12）。

代码7-12

```
ls = ["威震天", "红蜘蛛", "声波", "轰隆隆", "迷乱"]
print(ls[1:4])
```

切片ls[1:4]会返回一个元素下标由1到3三个元素所组成的列表，可以把切片中的1、4分别对应for循环遍历时range( )中的起点下标和终点下标。此外，切片中的1和4都可以省略，且还可以约定遍历列表时的步长，尝试下面的代码（代码7-13）。

代码7-13

```
print(ls[1:])


print(ls[:4])


print(ls[::-1])
```

输出三行分别是：

['红蜘蛛','声波','轰隆隆','迷乱']，缺省终点下标时，切片会返回一个从开始下标到列表末尾元素的新列表。

['威震天','红蜘蛛','声波','轰隆隆']，缺省起点下标时，切片会返回一个从第一个元素，即下标为0的元素开始到终止下标的新列表。

['迷乱','轰隆隆','声波','红蜘蛛','威震天']，补充步长后，列表会按步长进行遍历，如果是负数，则会逆序遍历。

切片操作同样适用于元组。

7.8 列表 (list) 的拼接操作

想要合并两个列表的数组，只需要使用“+”连接。这就像把两个柜子首尾相连变成一个更长的柜子，柜子中的数据数值不变，只有后拼进来的柜子编号改变。

代码7-14

```
ls1 = ["威震天", "红蜘蛛", "声波", "轰隆隆", "迷乱"]
ls2 = ["闹翻天", "激光鸟", "震荡波"]
#随着威震天一声令下，两队霸天虎成员集结了！
```

```
ls3 = ls1 + ls2
print(ls3)
```

运行代码7-14后，输出['威震天','红蜘蛛','声波','轰隆隆','迷乱','闹翻天','激光鸟','震荡波']，即用ls3保存了ls1和ls2的拼接结果。

两个元组也可以进行拼接操作，并将结果保存在一个元组中，这不是对元组中元素的修改，而是相当于重置了整个元组。

7.9 小结

本章学习了Python标准库序列类型中的列表（list）和元组（tuple），熟悉了一维列表增删改查一系列操作，主要目的是建立一个序列的感性印象，为后续理解掌握NumPy中的高效多维数组打下扎实的基础。

Code

查起来飞快的字典和集合

上一章我们学习了列表和元组，它们都可以用来存储一组数据，且操作简单，易于理解。不过一个坏消息是：当列表和元组存储的数据越来越多时，查找元素的工作就会不断地变慢（虽然绝大多数情况下不会影响使用）。这一章将学习Python中的另一种称为“键值对”的存储方式，这种类型的数据在Python中又被称为字典和集合，它们共同的特点是查找数据非常快。

8.1 字典

且说有一日，小图灵从火锅学校学成归来，励志开一家涮菜最全的火锅店。为了一下子就使顾客惊讶，他决定做一张超级长的电子菜单，把他能想到的菜品全都写在上面，而且他还希望当顾客点某一道菜的时候，能让他们一瞬间就查到这个菜的价格以及其他一些信息，显然他需要Python中的字典。

8.1.1 创建空菜单：定义一个空字典

为了满足小图灵的要求，王老师和小图灵商量，咱们循序渐进地来做，先来建立一个空的字典（代码8-1）。

代码8-1

```
d1 = {}
print(d1)
print(type(d1))
```

运行后输出

{}

<class 'dict'>

输出结果中，第1行的“{}”表示字典中什么内容都没有，第2行的“<class 'dict'>”表示数据类型为字典。在Python语言中，元组一般用小括号表示（也可以直接用逗号隔开），列表用中括号表示，字典用大括号表示。当看到一个数据用什么括号括起来的时候，就知道它的数据类型了。

创建字典还有一种常用方式，即通过函数dict( )生成（代码8-2）。

代码8-2

```
d2 = dict( )
print(d2)
print(type(d2))
```

运行后的输出和代码8-1一致，说明这两种方式在建立空字典时没有差异。

8.1.2 写入第一道菜：新建键值对

有了空菜单的小图灵跃跃欲试，决定把自己最爱吃的鲜毛肚先写上去，王老师说且慢，先说好多少钱。字典是名为“键值对”的存储方式，光有一个菜品关键字可不行，还得想好价格是多少。小图灵脑子一转，开业酬宾期间59元（代码8-3）。

代码8-3

```
d['鲜毛肚'] = 59
print(d)
```

运行后输出：

{'鲜毛肚': 59}

这个菜和它的价格已经在“菜单”中了。

另一种向字典中添加元素的方式是使用update( )方法，比如添加一个价格为19元的圆生菜（代码8-4）。

代码8-4

```
d.update({'圆生菜':19})
print(d)
```

运行后输出：

{'鲜毛肚': 59,'圆生菜': 19}

注意update( )的小括号中也是一个大括号，所以update( )是将两个字典进行了合并。

8.1.3 查找某一个菜品的价格：查询键对应的值

现在小图灵的菜单里有两种菜了，他急不可耐地想要试一试，知道一个菜品的名字，怎么单独查出它的价格来，而不是把整个菜单都打印出来（代码8-5）。

代码8-5

```
print(d['圆生菜'])
```

程序运行后输出19。查询的时候只要知道键的值就可以快速查到对应的值。这也是字典这种“键值对”存储结构的主要应用场景。

机智的小图灵这时候又冒出来一个想法：如果有顾客问19元的青菜有哪些，该怎么回答呢？

这相当于用值来查找对应的键，此时对应的键并不一定是唯一的。为了更好地展示这种查询的效果，往菜单里再加入一个19元的菜品，比如冻豆腐（代码8-6）。

代码8-6

```
d['冻豆腐'] = 19
for i in d.items( ):
    if i[1] == 19:
        print(i[0])
```

运行后输出：

圆生菜

冻豆腐

程序使用for循环遍历了d.items( )，即字典中的所有键值对。如果键值对的值满足要求，就输出键。这里可以看到键值对中键的下标为0，而值的下标为1，它们被保存在了一个元组中。

为了更清晰地理解上面的程序，直接打印d.items( )，观察字典中的元素（代码8-7）。

代码8-7

```
for i in d.items( ):
    print(i)
```

运行后输出：

('鲜毛肚',59)

('圆生菜',19)

('冻豆腐',19)

可以看出这里的i是一个元组，包含了键和值。

8.1.4 检查菜单中是否有某个菜品：查询字典中某个键是否存在

如果顾客点了一个菜单中没有的菜会怎样呢？这个问题相当于查询字典中是否存在某个键。小图灵准备试试羊肉片，看看会发生什么（代码8-8）。

代码8-8

```
print(d['羊肉片'])
```

运行后程序果然报错：

```
---------------------------------------------------------------------------
KeyError                                  Traceback (most recent call last)
<ipython-input-10-96d8c48b6cca> in <module>
----> 1 print(d['羊肉片'])
KeyError: '羊肉片'
```

这可不太友好，要是能温和地提醒客人就好了（代码8-9）。

代码8-9

```
if '羊肉片' in d:
    print(d['羊肉片'])
else:
```

```
    print("您查询的菜品暂时没有，小图灵火锅店一定会尽快添加")
```

运行后输出：您查询的菜品暂时没有，小图灵火锅店一定会尽快添加

代码中的in是一个范围运算符，检查字典中是否有某个键。如果存在返回“True”，不存在返回“False”，也可以用在列表和元组中。

另外，也常用get( )方法进行查询操作，如果能查到则返回键对应的值，否则返回None（代码8-10）。

代码8-10

```
d['羊肉片'] = 68
if d.get('羊肉片'):
    print(d.get('羊肉片'))
else:
    print("您查询的菜品暂时没有，小图灵火锅店一定会尽快添加")
```

运行后输出68。

8.1.5 修改菜品单价：修改键值对

小图灵发现刚刚记录的羊肉片的单价过高了，他想稍微便宜点，改为65，这时候就要更新字典d中“羊肉片”这个键对应的值（代码8-11）。

代码8-11

```
d['羊肉片'] = 65
print(d['羊肉片'])
```

运行后输出65。可以看出修改键值的方式和创建键值的方式一样。

8.1.6 删除菜品：删除键值对

如果想要删除菜单上的某一个菜品，即删除字典中的某个键值对，这时候可以使用del函数（代码8-12）。

代码8-12

```
del d['羊肉片']
print(d)
```

运行后输出：

{'鲜毛肚': 59,'圆生菜': 19,'冻豆腐': 19}

此时“命运多舛”的羊肉片又从小图灵的菜单中消失了。

如果要删除整个菜单，可以使用del d。不过这样一来整个字典就被删除了，要慎重哟！

8.1.7 增加菜品的信息：字典的嵌套使用

经过一番尝试，小图灵确信自己可以完成菜品的添加和定价了。不过他的要求又提高了，如果能加入菜品描述和评价岂不美哉！考虑到相关描述等于多个值，所以可以用列表来存放，也可以把值表示为另一个字典（代码8-13）。

代码8-13

```
d['鲜毛肚'] = {'价格':59, '介绍':'是小图灵最喜欢吃的菜',
'评价':'★★★★★'}
d['圆生菜'] = {'价格':19, '介绍':'菜菜有营养', '评
价':'★★★★'}
d['冻豆腐'] = {'价格':19, '介绍':'匠心打造', '评
价':'★★★★'}
```

```
for i in d.items( ):
    print(i)
```

运行后输出：

('鲜毛肚',{'价格': 59,'介绍': '是小图灵最喜欢吃的菜','评价': '★★★★★'})

('圆生菜',{'价格': 19,'介绍': '菜菜有营养','评价': '★★★★'})

('冻豆腐',{'价格': 19,'介绍': '匠心打造','评价': '★★★★'})

如果想要查找其中一个菜品某一项的值，可以用下面的方式（代码8-13）查看。

代码8-14

```
print(d['鲜毛肚']['价格'])
```

运行后输出：

59

在“键值对”这种结构中，键必须是不可变类型，而值可以是可变类型。比如值可以是一个列表，列表可以增加或减少元素，而键通常是数字或字符串，是不能改变的。

8.2 集合

集合可以理解为只有键的字典，它用来保存不重复的元素。有了8.1节字典的详细介绍，相信这一节会很容易掌握。

8.2.1 初始化一个集合

集合由函数set( )生成，可以通过传入一个列表作为初始值。初始值中如果有重复的，重复的会被自动删除，只保留一个（代码8-15）。

代码8-15

```
s = set([1, 1, 2, 3, 4])
print(s)
```

运行后输出：

{1,2,3,4}

自动将数字1去重。

如果不传入列表，set( )函数会生成一个空集合（代码8-16）。

代码8-16

```
s = set( )
print(s)
```

运行后输出：

{}

和空字典输出一样。

8.2.2 集合的增删改查操作

增删改查作为对数据的基本操作，是掌握每种数据类型的捷径（代码8-17～代码8-19）。

代码8-17

```
#使用add( )方法新增一个元素
s.add(5)
print(s)
```

运行后输出：

{5}

这是因为代码8-16已经将集合初始化为空。

代码8-18

```
#使用update( )方法添加多个元素
s.update([6, 7])
print(s)
```

运行后输出：

{5,6,7}

代码8-19

```
#使用discard( )方法删除一个元素
s.discard(5)
print(s)
```

运行后输出：

{6,7}

特别地，如果使用discard( )删除一个原本在集合中不存在的值，也不会报错，而是和字典中的get( )方法类似，返回None。

如果想要删除整个集合，使用语句“del s”即可，这也和字典一样，不过很少用到。

集合中的元素无法像列表那样用下标访问，只能询问某个元素是否在集合中（代码8-20）。

代码8-20

```
s = set([5, 6, 7])
```

```
print(5 in s)
print(8 in s)
```

运行后输出：

True

False

表示5在集合s中存在，而8不存在。

8.2.3 遍历集合

遍历集合的过程和字典类似，就是打印出所有集合中的元素（代码8-21）。

代码8-21

```
for i in iter(s):
    print(i)
```

运行程序后输出：

5

6

7

8.2.4 两个集合的交集、并集、差集

集合有几种特别操作，分别是求两个集合的交集、并集和差集。下面一一介绍。

8.2.4.1 交集

如图8-1所示，两个集合的交集，可以理解为两个集合都有的部分，图中是阴影部分，如代码8-22所示。

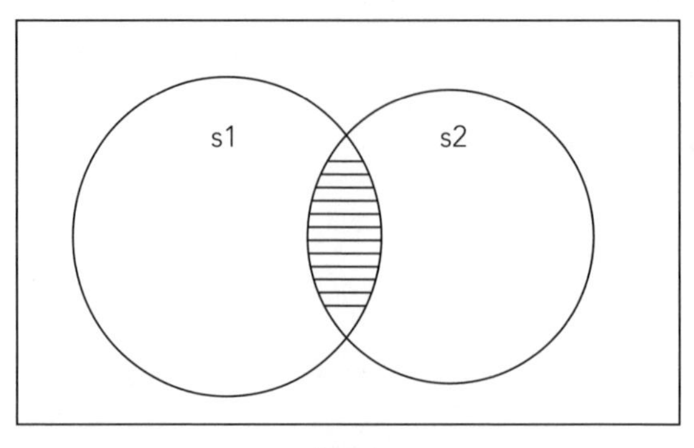

图8-1

代码8-22

```
#使用 & 求交集
s1 = set([1, 2, 3, 4])
s2 = set([3, 4, 5, 6, 7])
print(s1 & s2)
```

运行后输出：

{3,4}

输出结果说明，s1和s2两个集合都有的元素是3和4。

8.2.4.2 并集

两个集合的所有元素去重后，就是两个集合的并集，即图8-2中的阴影部分，对应代码8-23。

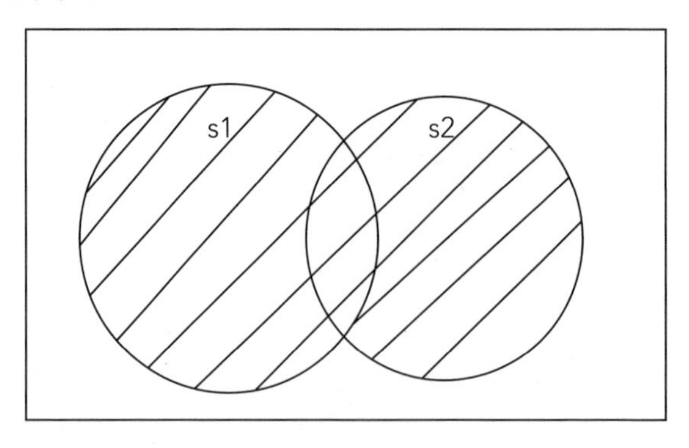

图8-2

代码8-23

```
#使用 | 求并集
s1 = set([1, 2, 3, 4])
s2 = set([3, 4, 5, 6, 7])
print(s1 | s2)
```

运行后输出：

{1,2,3,4,5,6,7}

8.2.4.3 差集

s1和s2的差集可以写作s1 – s2，表示元素在s1中，不在s2中，即图8-3中阴影部分，对应代码8-24。

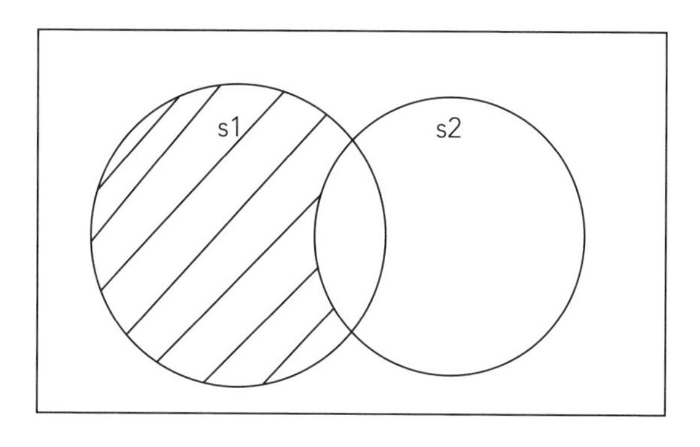

图8-3

代码8-24

```
#使用 - 求差集
s1 = set([1, 2, 3, 4])
s2 = set([3, 4, 5, 6, 7])
print(s1 - s2)
```

运行后输出：

{1,2 }。

8.3 小结

本章学习了字典和集合的定义、初始化、增删改查等基本操作，其中字典会在后续章节频繁地出现，看到它要能够理解它组织数据的方式。

Code

把变量和指令统统打个包：函数和类

函数和类都是对程序语句的封装。打个比方，就像活字印刷的木板，只要雕刻一次，后续印刷时都可以使用。

在程序设计中，可以把函数简单理解为功能，像print、input等都有着自己的功能，这些可以直接使用的称为Python的内建函数，就是Python设计师了解到人们对功能的使用频率后，将使用频率很高的函数都做好了，方便大家直接用。如果想要一些个性化的功能，那么就需要自己编写，这就是自定义函数。本章就来学习定义和调用函数的方法。

9.1 定义函数

所谓定义函数，是把实现一个功能的多个步骤都放在一起，再起个响亮的名字。比如炒西红柿鸡蛋，第一步洗西红柿，第二步西红柿切块，第三步打鸡蛋，第四步切葱姜末，第五步起锅热油，第六步先炒鸡蛋，第七步往锅里倒西红柿，第八步加糖加盐焖一会儿，第九步出锅。要是用print语句把这道菜的每一步打印出来，如代码9-1所示。

代码9-1

```
print("1.洗西红柿")
print("2.西红柿切块")
print("3.打鸡蛋")
print("4.切葱姜末")
print("5.起锅热油")
print("6.炒鸡蛋")
print("7.往锅里倒西红柿")
print("8.加糖加盐焖一会儿")
print("9.出锅")
```

程序输出为：

1. 洗西红柿

2. 西红柿切块

3. 打鸡蛋

4. 切葱姜末

5. 起锅热油

6. 炒鸡蛋

7. 往锅里倒西红柿

8. 加糖加盐焖一会儿

9. 出锅

把这个菜谱打印出来一份，就需要这么多条print语句，这要真是厨师学校，一个师傅带了一堆徒弟，今天来了两个徒弟让师傅给打印一份菜谱，明天又来两个还要打印菜谱，这样反复去做同样的事，师傅太多时间花在了打印菜谱上。

将这些炒菜动作合并在一起，每次使用时一下就能输出全部，这样显然更好用。这时就需要定义一个叫鸡蛋炒西红柿的功能（代码9-2）。

代码9-2

```
def 鸡蛋炒西红柿 ( ):
    print("1.洗西红柿")
    print("2.西红柿切块")
    print("3.打鸡蛋")
    print("4.切葱姜末")
    print("5.起锅热油")
    print("6.炒鸡蛋")
    print("7.往锅里倒西红柿")
    print("8.加糖加盐焖一会儿")
    print("9.出锅")

for i in range(7):
    鸡蛋炒西红柿( )
```

程序将下列输出重复了7次：

1. 洗西红柿

2. 西红柿切块

3. 打鸡蛋

4. 切葱姜末

5. 起锅热油

6. 炒鸡蛋

7. 往锅里倒西红柿

8. 加糖加盐焖一会儿

9. 出锅

首先需要解释的是，在Python中可以使用中文来给变量和函数命名，但通常不这么做。这里为了好理解例子，用了中文“鸡蛋炒西红柿”命名函数。

接下来看定义函数的语法，关键字“def”是英文单词“define”的缩写，意为定义，定义一个函数。“鸡蛋炒西红柿”是函数的名字，冒号后的缩进语句是这个函数要执行的步骤。这样就完成了函数的定义。

单独运行只有定义的函数是看不到任何结果的，相当于你教了小朋友一个英文单词，也没让他重复一遍，他这时候一定是呆呆地看着你，不做任何事。所以，最后一行代码中“鸡蛋炒西红柿( )”是告诉系统我要使用这个功能，用术语是调用这个函数。函数执行后，屏幕输出菜谱结束。

9.2 传递参数

在9.1节定义函数和调用函数的过程中，相信你会注意到函数名字的后面都有一个括号，它的作用是参数表，又是一个有点抽象的概念，咱们依然用例子说明。

这回大厨师傅决定根据每个人的口味加入不同分量的糖和盐。为了展示最重要的部分，我们适当简化函数中对于环节的描述，如代码9-3所示。

代码9-3

```
def 鸡蛋炒西红柿 (x, y):
```

```
    print("1.食材准备")
    print("2.起锅炒菜")
    print("3.加{}小勺糖加{}小勺盐焖一会儿".format(x, y))
    print("4.出锅")
鸡蛋炒西红柿(1, 5)
```

程序输出为：

1. 食材准备

2. 起锅炒菜

3. 加1小勺糖加5小勺盐焖一会儿

4. 出锅

这里需要明确一对概念：形参和实参。

在定义函数鸡蛋炒西红柿（x，y）时，括号中增加了两个形参x和y。形参的意思是函数为了完成工作所需的信息，在这里x、y分别代表了糖是几小勺、盐是几小勺。在调用函数鸡蛋炒西红柿（1，5）时，写入实际的值1和5，它们是实参，是调用函数时传递给函数的信息。

9.2.1 位置实参

刚才在调用函数时写入的是1和5，如果改变它们的顺序（代码9-4），会发生什么呢？

代码9-4

```
鸡蛋炒西红柿(5, 1)
```

程序输出为：

1. 食材准备

2. 起锅炒菜

3. 加5小勺糖加1小勺盐焖一会儿

4. 出锅

于是发现，第一个数字会分配到x的位置，而第二个数字会分配到y的位置。这是因为当函数有多个参数时，在调用函数时，Python必须将每个实参和形参关联起来，其中最简单的关联方式就是基于实参的顺序。这种关联的方式称为位置实参。

9.2.2 关键字实参

如果函数的参数比较多，但是你只想传入一个或几个你认为重要的参数（其他参数有默认值，下一小节会讲到），可以直接在传入时将实参的名称和值进行关联（代码9-5）。

代码9-5

```
鸡蛋炒西红柿(y = 5, x = 1)
```

程序输出为：

1. 食材准备

2. 起锅炒菜

3. 加1小勺糖加5小勺盐焖一会儿

4. 出锅

因为关联了实参的名称和值，所以不管传入的顺序如何，Python都知道各个值要保存在哪个形参里。

9.2.3 默认参数

假设此时有徒弟跟师傅说：“师傅，您就按您的经验放，我们一般不改您的配方。”在定义函数时，给形参一个默认的值，在调用函数时，如果不传入参数，就用默认值了，如果传入，就替换掉默认值（代码9-6）。

代码9-6

```
def 鸡蛋炒西红柿 (x = 1, y = 5):
    print("1.食材准备")
    print("2.起锅炒菜")
    print("3.加{}小勺糖加{}小勺盐焖一会儿".format(x, y))
    print("4.出锅")

鸡蛋炒西红柿( )
```

输出结果为：

1. 食材准备

2. 起锅炒菜

3. 加1小勺糖加5小勺盐焖一会儿

4. 出锅

代码中的第一行“x = 1,y = 5”给两个形参指定了默认值。定义结束后，如果不传入实参，函数就会按照默认值执行。但是如果提供了实参的值，函数将按照提供的实参执行（代码9-7）。

代码9-7

```
鸡蛋炒西红柿(2, 3)
```

输出结果为：

1. 食材准备

2. 起锅炒菜

3. 加2小勺糖加3小勺盐焖一会儿

4. 出锅

9.3 有返回值的函数

上面介绍的鸡蛋炒西红柿函数可以看成按步骤执行任务，这类函数不产生数值结果，称为无返回值的函数。还有一类函数在执行任务后会得到一个值，被称为有返回值的函数。

为了理解返回值的概念，一起来完成一个简单的加法计算器。要求是输入两个数，输出两个数的和。先考虑不用函数的写法，如代码9-8所示。

代码9-8

```
a = eval(input("输入第一个数:"))
b = eval(input("输入第二个数:"))
print(a + b)
```

现在用函数实现，如代码9-9所示。

代码9-9

```
def add (x, y):
    return x + y

a = eval(input("输入第一个数:"))
b = eval(input("输入第二个数:"))

res = add(a, b)
print(res)
```

函数体内关键字“return”就是返回值这个名字的来源，表示运行这个函数会得到一个什么样的结果。一个函数体里可以有多个return语句，不过只要碰到其中一个，那么函数的这次调用就结束了，不会再执行其他的语句。

比如一个比较两个数大小的函数，函数接收两个数字，第一个数字大，就返回“one”。如果相等或第二个数字大就返回“two”（代码9-10）。

代码9-10

```
def cmp (a, b):
    if a > b:
        return "one"
    else :
        return "two"

c = cmp(2, 3)
print(c)
```

此时函数的返回值是“two”，程序把这个值赋给了变量c，并通过输出展示在屏幕上。在函数cmp中，a和b都是位置参数，当传入实际的值即实参时，第一个数字2成为了a的值，第二个数字3成为了b的值。如果代码错写成了cmp（3，2），那么a的值就是3，b的值是2，结果就完全不同了。

9.4 函数的递归调用

如果一个函数在定义时调用了自身会发生什么？第一反应肯定是这

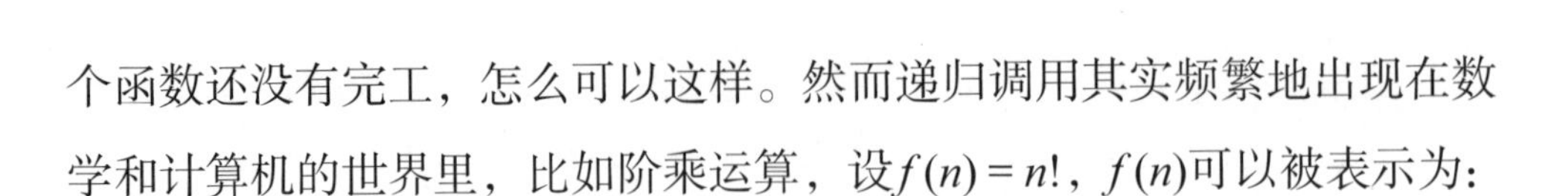

个函数还没有完工，怎么可以这样。然而递归调用其实频繁地出现在数学和计算机的世界里，比如阶乘运算，设$f(n)=n!$，$f(n)$可以被表示为：

$$\begin{cases} f(0)=1 \\ f(n)=f(n-1)*n \ (n\geqslant 1) \end{cases}$$

用代码表示为代码9-11。

代码9-11

```
def f(n):
    if (n == 0):
        return 1
    else:
        return f(n-1) * n


#调用阶乘函数，打印1到5的阶乘
for i in range(1, 6):
    print(f(i))
```

输出结果为：

1

2

6

24

120

用递归方式定义函数时，要注意必须为函数编写终止条件，否则会产生无尽递归。比如上个例子中如果不规定n为0时的函数值为1，即0的阶乘为1，那么Python最后就会报错，说递归超过了最大层数。

9.5 什么是类

提问：数字1是什么类型？数字1.5是什么类型？“hello”是什么类型？[1, 2, 3]是什么类型？

回答：数字1的类型是int，整型；数字1.5的类型是float，浮点型；“hello”的类型是str，字符串型；[1, 2, 3]的类型是list，列表型。

像内建函数一样，Python语言内置了许多种基础数据类型供使用者调用。同样地，它也允许自定义数据的类型（后面都简称为类），毕竟总有事物是Python中类不能形容的。

9.6 类和对象：pop是只狗

代码9-12

```
class Dog ( ) :
    pass
```

如代码9-12所示，class是定义类的关键字，Dog是类的名称，习惯上将类的第一个字母大写，类的内容现在是空白的，为了避免语法错误，写了一句占位的pass，这就是类的定义语法。

虽然Dog这个类里面还空空如也，不过它可以生成一个对象了（代码9-13）。那么什么是对象呢？

代码9-13

```
pop = Dog( )
```

这句代码中，pop就是通过Dog类生成的对象，即pop是一只狗。以后凡是通过类A生成的对象b，都可以理解为b是一个A。

显然现在我们不知道pop的品种、性别、年龄、颜色，这是因为作为生成pop的Dog类就没有这些信息，接下来就先补充它的颜色（代码9-14）。

代码9-14

```
class Dog ( ) :
    def __init__ (self, color) :
        self.color = color
```

这段代码看起来怪怪的，既有“老熟人”又有“陌生人”。“老熟人”是第一行狗类的定义，“陌生人”是第二行定义了一个叫__init__的函数，定义在类中的函数被称为方法，所以从现在起叫它“__init__方法”。这里的init是单词initialization的缩写，意为初始化。

“__init__”这个名字并不是随意起的，它是Python中“魔术方法”的一员，它们的神奇之处在于这样的方法不需要你去调用，而是发生某件事之后，会自动执行。__init__方法就会在你初始化对象的时候自动调用，帮你“绑定”那些定义在__init__方法内的属性（比如例子中狗的颜色，见代码9-15）。

代码9-15

```
pop = Dog("Black")
```

整句话可以理解为pop是一只黑色的狗。当你初始化一个带有属性的Dog类对象时，__init__方法帮你把“Black”绑在了pop上（代码9-16）。

代码9-16

```
print(pop.color)
```

运行上面的代码后，输出Black，对象初始化成功。现在需要把__init__里面的语法弄清楚。

代码片段

```
def __init__(self, color):
    self.color = color
```

__init__方法的参数表里有两个参数，这里面的color很好理解，就是新建对象的颜色。self不好理解，它指代新建对象，在上面的例子里，self指代pop，这个参数必须要有，可以更改名字，但习惯性用self。

下面继续扩展__init__方法，让Dog类在初始化对象时不仅仅需要添加颜色，还要添加出生年月和性别（代码9-17）。

代码9-17

```
class Dog ( ) :
    def __init__(self, color, birthday, gender):
        self.color = color
        self.birthday = birthday
        self.gender = gender


pop = Dog("Black", "20201201", "male")
print(pop.color, pop.birthday, pop.gender)
```

通过上面的操作，pop已经有了三个属性，分别是颜色、生日和性别。可是感觉pop不会叫，也不会跑，为了让pop更像一只小狗，将为它添加各种狗的行为。

9.7 在类中添加方法：pop的新技能

狗狗会叫，会摇尾巴，会黏人，这就为Dog类添加上（代码9-18）。

代码9-18

```
class Dog ( ) :

    def __init__(self, color, birthday, gender):
        self.color = color
        self.birthday = birthday
        self.gender = gender

    def barking (self):
        print("汪汪汪~")

pop = Dog("Black", "20201201", "male")

pop.barking( )
```

在代码9-17的基础上，添加了一个barking方法，参数中需要写上self，因为必须有个对象才能调用这个方法。按照这个简单的思路再为Dog类添加摇尾巴方法和黏人方法（代码9-19）。

代码9-19

```
class Dog ( ) :

    def __init__(self, color, birthday, gender):
        self.color = color
```

```
        self.birthday = birthday
        self.gender = gender

    def barking (self):
        print("汪汪汪~")

    def intimate (self):
        print("蹭蹭~")

    def wagging (self):
        print("摇尾巴")

pop = Dog("Black", "20201201", "male")
pop.barking( )
pop.intimate( )
pop.wagging( )
```

pop现在会摇尾巴，会汪汪叫，还会黏人，当刮目相看。这时它的本能猛然被唤醒，不对，我可不是只普通的乖乖狗，我是哈士奇……

9.8 类的继承：pop是只哈士奇，会拆家的那种

现在来了一个难题，pop想起了自己是只哈士奇，想要一个拆家的方法，可是其他品种并没有这么闹心的方法。

难道要单独为pop编写一个哈士奇类吗？答案是是的，不过没有那么麻烦，因为哈士奇也是狗，所以狗的属性和方法它都有（代码9-20）。

代码9-20

```
class Husky (Dog) :
    def naughty (self) :
        print("拆沙发")
        print("拆电视")
        print("拆一切")

pop = Husky("Black", "20201201", "male")

print(pop.color)
pop.barking( )
pop.naughty( )
```

在上面的代码中哈士奇类后面的括号里写了Dog，如果对Dog类原有的方法不做改变，就不需要重写。而在下面的测试中，pop可以直接调用Dog类的方法，而且具备了哈士奇独有的“拆家”方法。

此时将Dog类称为Husky类的父类或基类、超类，相对地，Husky类称为Dog类的子类。Husky类的对象自动具有了Dog类的属性和方法，而不必从头写。

9.9 小结

在Python中定义并调用函数、类都非常简单。在后续机器学习章节中，有大量功能被定义和封装成了函数和类，此时不需要关注它是怎么实现的，而只需要搞清楚它需要传入哪些参数，可以给出哪些结果，这正是封装的便利之处。

走出新手村：开启机器学习的副本

扫此二维码，
▶尽享同步视频◀
精讲课程。

如果你打过网络游戏，一定对新手村和副本这两个概念非常熟悉。在程序设计的浩瀚世界里，前9章的Python语法知识就像新手村，这里有很多新手任务，比如基本的输入输出、控制语句，编写函数和类，现在你已完成这些修炼，可以探索Python世界里最热门的副本——机器学习了，当然你的“装备”也会相应升级，NumPy这个在科学计算领域独一无二的程序库将为你所用。

10.1 简单理解机器学习

机器学习是一种从数据中总结规律的统计方法。一般的程序设计中，规律是由人来给出的，比如告诉机器加号的作用是将符号前后的两个数求和，这样只要给出准确的输入，机器就能根据人给的规则和输入计算并准确地输出，像1 + 2、2 + 5这样的式子，机器都能轻松应对。而机器学习是事先没有告诉机器加号是做什么用的，但是给出大量加法算式，如1 + 2 = 3，2 + 4 = 6，…，并告诉机器第一个式子中1和2是输入、3是输出，第二个式子中2和4是输入、6是输出，机器根据特定算法自己总结出规律。一般程序设计和机器学习的区别见图10-1。

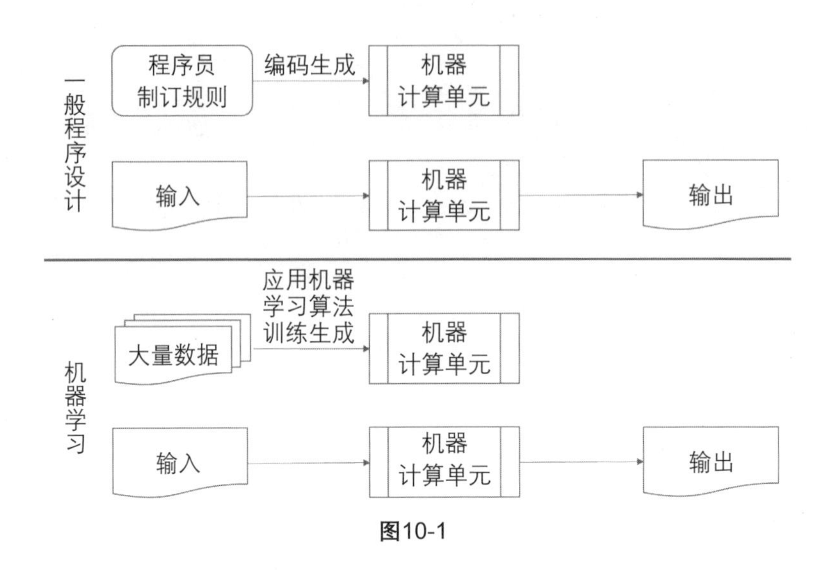

图10-1

可能出乎大家的意料，机器学习始于20世纪50年代。人们一开始无一例外地相信人类中最顶尖的科学家可以做出能说话、能思考、能替我们干活的机器人，但是现实总是比理想单薄一些。这几十年间，人们尝试了种种技术路线，也经历了数轮的高潮和低谷，终于在如今强大算力和互联网累积的大数据加持下，惊艳了所有人。

对于初学者，最苦恼的一点莫过于近十年来人工智能相关名词漫天飞，不知道从何处下手，更不知道该如何给这些名词归类。首先是机器学习、神经网络、深度学习三者之间的包含关系，我们可以用图10-2简单说明。

可以说是先有了机器学习这样一个领域，人们在不断探索如何能更好解决问题的过程中，提出了层数比较少的神经网络，而后随着算力的提升，算法升级为了有许多层神经网络的深度学习，像击败李世石、柯

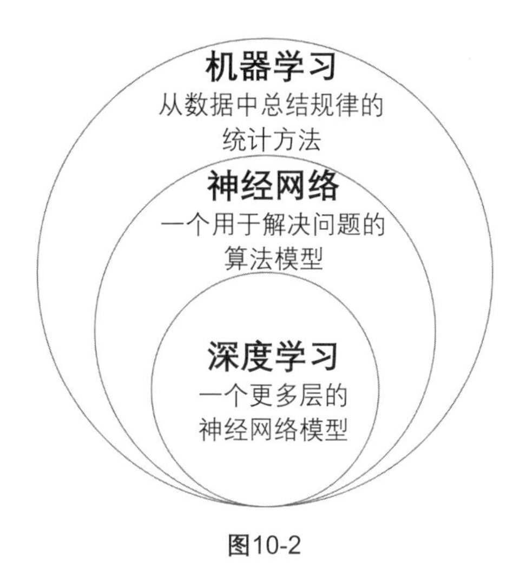

图10-2

洁的AlphaGo的主要算法框架就是深度学习。

在如今的语境下，深度学习十分火热，机器学习有时候用于概括那些凡不使用深度学习的算法模型。本书作为机器学习的入门书籍，介绍的算法模型不会涉及神经网络和深度学习。

10.2 机器学习中的问题分类

机器学习中的概念繁杂，可以对其从两种视角进行分类。视角一是从机器学习的任务分类，即从机器学习能完成什么事的角度对机器学习中的算法与模型分类。这样可以分为分类问题、回归问题和聚类。

分类问题和回归问题都很常见，前者是训练机器辨识猫狗、花草等分类问题，后者虽然名为回归，但实际作用是预测，比如预测房价的变化、孩子的身高、天气的变化等。这两类问题在训练时都有明确的来源于现实的答案作为对照，可以评价准确率。

聚类常见于城市规划，如划分商圈和景区，还可以对有着海量用户数据的电商网站的用户进行分类，以实现精准的营销，这些都可以通过聚类来解决。聚类和分类、回归不同，没有准确的答案判断对或错，但是可以引入别的指标进行评价。

视角二是从机器学习自身的过程特点进行分类，用分辨猫狗的问题做个例子。假如提供100张猫狗的照片，每张照片都有正解，即写清楚是猫还是狗，那么让机器来学习，即做对做错，有答案参照可以纠正自己，这种叫有监督学习。还是100张猫狗的照片，每一张都没有正解，全靠机器看各个维度的数据（比较眼睛形状，胡子长短，爪子样子）给数据分类（显然机器自始至终都不知道自己处理的是什么，只知道有些数据之间的相关性强于另一些），这种叫做无监督学习。

这100张猫狗照片里就一部分有正解，其余没有，这种叫半监督学习。

看完这三种我们会想，后两种什么情况下用呢？实际上虽然有监督学习确实很好，但是整理收集正解确实麻烦，互联网上大量的数据是没有所谓正解的，这样半监督学习和无监督学习在数据处理的前中期就发挥了很大作用，先把明显不靠谱的数据筛一筛。另外存在一类问题就是没有所谓的正解，比如刚才提到的城市划分商圈，不同的划分方案可能各有优劣，不能说哪个就完全正确。

此外还有一种称为强化学习的方式，现在广泛地应用在无人驾驶领域。它也没有正解，而是由传感器收集外部信息，再由系统实时进行打分反馈，以适应环境。

10.3 机器学习的强力计算器：NumPy

前面说到的机器学习问题，无一不需要大量的数值运算。为了训练出像门禁人脸识别、机器人客服、汽车自动驾驶这样的人工智能系统，机器需要学习海量的数据，从中寻找规律，计算量可想而知，此时就需要一个功能强大的“计算器”——NumPy。说NumPy是Python在机器学习领域最重要的程序库一点也不为过。

10.3.1 认识NumPy

在使用NumPy之前需要导入它（代码10-1），就像维修工人在出发时一定会拎上工具箱一样。

代码10-1

```
import numpy as np
```

代码中的import是引入，把NumPy这个工具箱先“搬过来”，后面就能使用里面的工具了。as是给numpy起了个别名np，毕竟numpy是5个字母用起来没有两个字母方便。

NumPy提供了<ndarray>类型作为基础的数据结构使用，表示N维的数组。它和之前学过的列表<list>类型非常像，有着类似的功能，在计算方面比列表要高效很多。一般称一维np数组为向量，二维及以上np数据为矩阵。后面就沿用这两个名称。

10.3.2 初始化向量

向量初始化有多种方法，常用的方法有：将向量中元素都置为0，或都置为1，或置为一个递增的序列，或置为一个随机序列，还可以直接从<list>类型转换得来。

10.3.2.1 向量初始化为0

首先尝试生成一个初始数值均为0的向量（代码10-2）。

代码10-2

```
a = np.zeros(10)
print(a)
```

输出结果为：

[0. 0. 0. 0. 0. 0. 0. 0. 0. 0.]

注意：0的结尾都有一个点。

函数zeros( )中的参数指定了向量的长度，且将所有元素赋值为0.，数据类型默认为numpy.float64，即小数类型。

10.3.2.2 向量初始化为1

接着尝试将向量全部元素初始化为1（代码10-3）。

代码10-3

```
a = np.ones(10)
print(a)
```

输出结果为：

[1. 1. 1. 1. 1. 1. 1. 1. 1. 1.]

函数ones( )和函数zeros( )使用方法类似，将向量中所有元素赋值为1。

10.3.2.3 初始化为一个元素值递增的向量（代码10-4）

代码10-4

```
a = np.arange(1, 10, 2)
print(a)
```

输出结果为：

[1 3 5 7 9]

函数arange(start, stop, step)中，参数start是向量元素取值的起点，stop是取值终点，step是跨度。代码10-4中的np.arange(1, 10, 2)表示在[1, 10)区间里，从1开始取跨度为2的数值。

有时候为了绘图方便，会采用linspace( )函数进行初始化（代码10-5）。

代码10-5

```
a = np.linspace(1, 10, 10)
print(a)
```

输出结果为：

[1. 2. 3. 4. 5. 6. 7. 8. 9. 10.]

使用函数linspace(start,stop,num = 50)初始化，会返回一个在区间[start,stop]有num个元素均匀分布的向量。

10.3.2.4 通过转化<list>类型得到一个向量（代码10-6）

代码10-6

```
a = np.array([1, 2, 3])
print(a)
```

输出结果：

[1 2 3]

10.3.2.5 初始化为一个元素值随机的向量

在后续的实验中，往往需要大量的随机数据，这样的数据可以使用numpy.random.rand( )方法批量产生（代码10-7）。

代码10-7

```
a = np.random.rand(10)
print(a)
```

输出结果为：

[0.97725044 0.34261151 0.46009899 0.30043006 0.27832333 0.37508039 0.64906965 0.94997904 0.8497537 0.20731189]

只传入一个参数10，默认生成一个长度为10，由随机数组成的一维数组，随机数在区间[0, 1)内取值。

10.3.3 向量元素的访问和修改

和元组、列表一样，向量也可以使用“[ ]”访问元素并直接进行修改（代码10-8）。

代码10-8

```
a = np.arange(1, 10, 1)
print(a[0])
a[0] = 100
print(a[0])
```

运行后输出：

1

100

10.4 初始化矩阵

矩阵是二维ndarray数组，刚才各种初始化向量的方法均可用于初始化矩阵，不同的是将长度改为矩阵的形状即可（代码10-9）。

代码10-9

```
#将矩阵初始化为2行3列，元素全部赋值为0
A = np.zeros((2, 3))
print(A)

#将矩阵初始化为2行3列，元素全部赋值为1
A = np.ones((2, 3))
print(A)

#将原有2行3列<list>转化为矩阵
A = np.array([[1, 2, 3], [4, 5, 6]])
print(A)

#将矩阵初始化为2行3列，元素随机赋值
A = np.random.rand(2, 3)
print(A)
```

输出结果为：

```
[[0. 0. 0.]
 [0. 0. 0.]]
[[1. 1. 1.]
 [1. 1. 1.]]
[[1 2 3]
 [4 5 6]]
```

[[0.21760488 0.12575412 0.52733629]
 [0.09018005 0.78128454 0.09698398]]

10.5 查看和修改矩阵的形状

查看矩阵形状可以通过shape属性。如果想要修改矩阵形状，如将2行3列的矩阵变成3行2列，可使用reshape( )方法（代码10-10）。

代码10-10

```
#将2行3列的<list>转换为矩阵A
A = np.array([[1, 2, 3], [4, 5, 6]])
#输出A的形状
print("矩阵的最初形状为{}".format(A.shape))
#将A的形状改变为3行2列
A = A.reshape(3, 2)
#输出A的形状和A
print("修改后矩阵的形状为{}".format(A.shape))
print(A)
```

输出结果为：

矩阵的最初形状为（2,3）

修改后矩阵的形状为（3,2）

[[1 2]
 [3 4]
 [5 6]]

使用reshape( )函数修改矩阵形状时，要求转换前后矩阵中的元素数量一致，否则会报错（代码10-11）。

代码10-11

```
#要注意，转换前后元素数量不一致会导致错误
print(A.reshape(1, 7))
   ---------------------------------------------------------------------------
ValueError                  Traceback (most recent call last)
<ipython-input-20-f216409e57de> in <module>
----> 1 print(A.reshape(1, 7))

ValueError: cannot reshape array of size 6 into shape
(1,7)
```

需要特别说明的是：使用reshape( )方法改变数组形状时，可以只指定行数或列数（代码10-12）。

代码10-12

```
print(A.reshape(3, -1))
```

输出结果

[[1 2]

 [3 4]

 [5 6]]

这里指定了将数组的行数改为3行，列数这里填－1，会自动算出来为2。要注意：无论填写的是行数还是列数，一定要能被元素数整除（代码10-13）。

代码10-13

```
print(A.reshape(4, -1))
   --------------------------------------------------
--------------------------
ValueError          Traceback (most recent call last)
<ipython-input-12-e660210eb4ac> in <module>
----> 1 print(A.reshape(4, -1))

ValueError: cannot reshape array of size 6 into shape
(4,newaxis)
```

代码10-13中，reshape( )方法中输入的行数是4，A矩阵元素总数是6，无法整除，程序报错。

10.6 矩阵间四则运算

形状相同的矩阵可以进行四则运算。运算规则是矩阵相同位置的元素之间两两进行四则运算（代码10-14）。形状不同的矩阵不能进行四则运算。

代码10-14

```
A = np.array([[1, 3, 5], [2, 4, 6]])
B = np.array([[1, 1, 1], [2, 2, 2]])
print(A + B)
```

运行后输出：

[[2 4 6]

 [4 6 8]]

```
print(A - B)
```

运行后输出：

[[0 2 4]
 [0 2 4]]

```
print(A * B)
```

运行后输出：

[[1 3 5]
 [4 8 12]]

```
print(A / B)
```

运行后输出：

[[1. 3. 5.]
 [1. 2. 3.]]

10.7 切片

<ndarray>类型也具有和<list>类型相似的切片功能，可以简单地显示向量或矩阵的一部分。切片用"："表示，向量的切片用法和<list>类型完全一样，矩阵因为维度增加又在原基础上进行了拓展（代码10-15）。

代码10-15

```
x = np.arange(10)
```

```
#打印向量x
print(x)
#从x下标为0的元素打印到下标为(5-1)的元素
print(x[:5])
#从x的第5个元素开始打印
print(x[5:])
#倒着打印x的所有元素
print(x[::-1])
```

输出结果为：

[0 1 2 3 4 5 6 7 8 9]

[0 1 2 3 4]

[5 6 7 8 9]

[9 8 7 6 5 4 3 2 1 0]

在向量中切片形式上可以写为x[a:b:c]，其中a代表元素截取的起始位置，如果不写默认从0开始；b代表元素截取的终点位置为（b－1），如果不写默认截取到向量结束；c表示截取的跨度，不写时默认为1。

对于矩阵和二维以上的<ndarray>类型数组，可以用逗号分开表示多个维度的截取信息（代码10-16）。

代码10-16

```
x = np.arange(12)
#将x转换为一个3行4列的矩阵
X = x.reshape(3, 4)
#打印矩阵x并换行
print(X)
```

```
print("")
#打印矩阵x的全部行和前2列并换行
print(X[:, :2])
print("")
#打印矩阵x的第2、3行，以及第2、3列
print(X[1:3, 2:4])
```

输出结果为：

```
[[ 0  1  2  3]
 [ 4  5  6  7]
 [ 8  9 10 11]]

[[0 1]
 [4 5]
 [8 9]]

[[ 6  7]
 [10 11]]
```

10.8 小结

本章介绍了机器学习的基本概念，并罗列了NumPy的常用功能。这些并不需要都记下来，而是把关于NumPy的知识看成一个供查询的手册，保留一些印象，后续章节程序使用的时候，如有不清楚再回来看就行了。

Code

第11章 数据可视化：使用matplotlib绘制图形

机器学习需要和大量的数据打交道，将数据输出为图形，也就是数据可视化，可以极大地帮助我们理解数据的特性以及算法的作用。本章我们将学习科学计算中最常用的绘图程序库matplotlib的使用方法。

11.1 绘制二维图形

11.1.1 基本使用

matplotlib是可以绘制出各种各样图表的绘图库，通常使用它的子库pyplot。先从最熟悉的形如$y = ax + b$的线性函数入手（代码11-1）。

代码11-1

```
1   import numpy as np
2   import matplotlib.pyplot as plt
3
4   x = np.arange(10)
5   y = 4 * x + 15
6
```

```
7   plt.figure( )
8   plt.plot(x, y)
9   plt.show( )
```

程序输出了函数$y = 4x + 15$的图形（图11-1）。

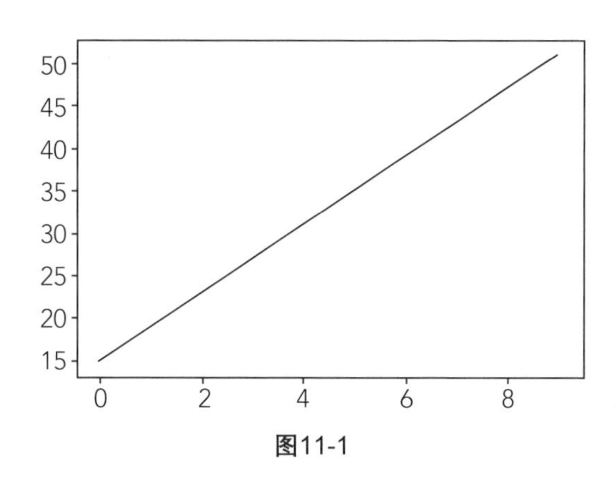

图11-1

程序第1、2行导入所需模块，并起别名。

第4、5行生成一个NumPy数组对象x，值为[0, 1, 2, 3, 4, 5, 6, 7 ,8, 9]；对应计算y的值为[15, 19, 23, 27, 31, 35, 39, 43, 47, 51]。

第7～9行利用函数figure( )创建一块默认宽高的画布，使用plot函数根据参数x和y的值将x_i、y_i画成一条直线。函数show( )负责将绘制好的图形展示在JupyterLab的页面上，虽然在JupyterLab中也可以不写这句话，但习惯上都加这句话，作为绘图的结束。

11.1.2 多张图同画布

以上就完成了一张简单的函数图形制作。同一块画布可以画多个图形，尝试在刚才的画布上添加一个二次函数$y = x^2$的图形（代码11-2）。

代码11-2

```
1   import numpy as np
2   import matplotlib.pyplot as plt
3
4   x = np.arange(10)
5   y1 = 4 * x + 15
6   y2 = x**2
7
8   plt.figure( )
9   plt.plot(x, y1)
10  plt.plot(x, y2, color = "red")
11  plt.show( )
```

程序运行后，在同一块画布上输出函数$y = 4x + 15$和二次函数$y = x^2$的图形，如图11-2所示。

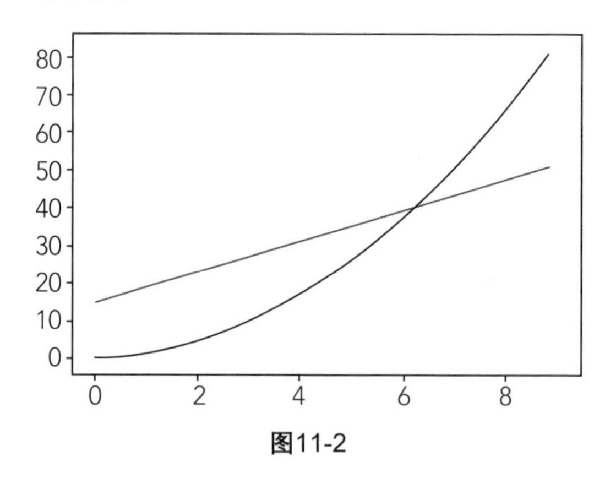

图11-2

和代码11-1类似，在第10行增加绘制二次函数，为了进行区分，将plot函数中的参数color设置为red，使函数图形显示为红色。

11.1.3 绘制散点图

刚才的plot函数自动将参数中的坐标光滑连线，如果只是为了观察数据点的情况，可以使用scatter函数绘制散点图。下面以正弦函数为例进行绘图（代码11-3）。

代码11-3

```
1  import numpy as np
2  import matplotlib.pyplot as plt
3
4  x = np.arange(-3, 3, 0.1)
5  y = np.array([np.sin(i) for i in x])
6  plt.scatter(x, y, color = 'green', alpha = 0.2,
marker = '*')
7  plt.show( )
```

程序运行后，输出正弦散点图如图11-3所示。

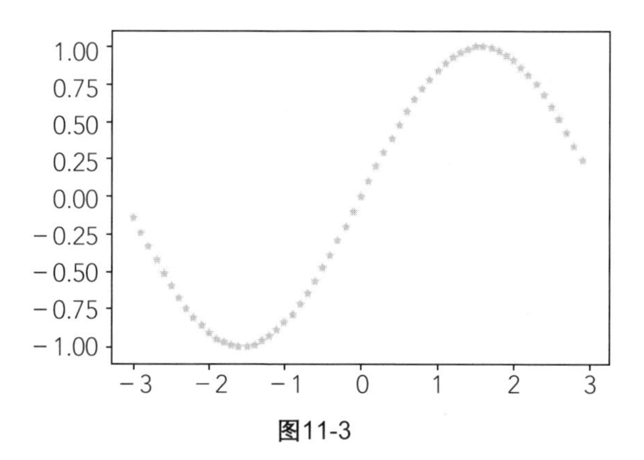

图11-3

程序第1、2行导入库，第4行生成一个[−3，3)间隔为0.1的数组x，第5行计算sin(x)的值并保存在列表y中，第6行调用scatter函数并将x和y

分别作为横纵坐标打印散点图。

scatter函数中的参数color表示点的颜色，可以替换为其他的颜色字符：'b' 蓝色、'm' 洋红色、'g' 绿色、'y' 黄色、'r' 红色、'k' 黑色、'w' 白色、'c' 青绿色等。参数alpha表示点的透明度，可以在0和1之间设置小数，越接近0越透明。参数marker表示用什么形状的符号表示点，除了'*'，常用的标记字符还有'.'（点标记）、','（像素标记（极小点））、'v'（倒三角标记）、'^'（上三角标记）、'>'（右三角标记）、'<'（左三角标记）等。

11.1.4 装饰图标：增加图例、图示

当数据较多时，为了能使图形信息更完全，需要引入图例、添加标题、展示网格线，能灵活改变x轴y轴范围，选用笛卡儿心形线函数作为示例（代码11-4）。

代码11-4

```
1   import numpy as np
2   import matplotlib.pyplot as plt
3
4   #绘制笛卡儿心形线所需的t, x, y
5   t = np.linspace(0, 10, 100)
6   x = 2 * np.cos(t) - np.cos(2 * t)
7   y = 2 * np.sin(t) - np.sin(2 * t)
8
9   plt.figure( )
10  #设置图形为粉色，图例名称为heart line
11  plt.plot(y, x, color='pink', label = 'heart line')
```

```
12  #将图例显示在右上角
13  plt.legend(loc = "upper right")
14  #定义x，y轴范围
15  plt.xlim(-4, 4)
16  plt.ylim(-4, 2)
17  #图形的标题
18  plt.title("Cartesian heart-shaped line")
19  #添加x、y轴标签
20  plt.xlabel('$x$')
21  plt.ylabel('$y$')
22  #显示网格线
23  plt.grid(True)
24
25  plt.show( )
```

程序运行后输出图形如图11-4所示。

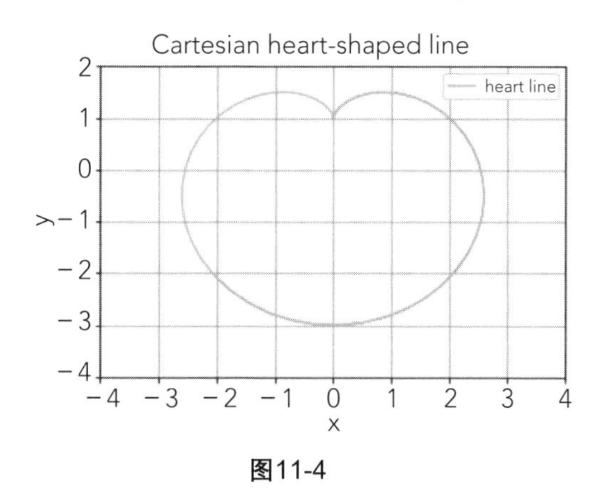

图11-4

代码第5～7行，生成了笛卡儿心形线的横纵坐标x、y。后续函数中legend( )可以指定图例的位置，除去upper right外，还可以指定upper left

（左上）、lower left（左下）、lower right（右下）。函数xlim( )和ylim( )使用方法一致，传入两个数字作为参数，表示坐标轴的最小值和最大值。函数title( )用于绘制图形标题，需要字符串作为参数。xlabel、ylabel为x、y轴名称。函数grid( )用于绘制图形中的网格线，默认不绘制。

11.1.5 并列显示多张图表

如果想要对比多组数据的图形，放在一张图里又比较乱，可以使用函数subplot(a,b,n)，将大画布分为a行b列个位置，子图出现在第n个位置（代码11-5）。

代码11-5

```
1   import numpy as np
2   import matplotlib.pyplot as plt
3
4   #定义一个三次函数 y = (x - w)·x·(x - 3)
5   def f(x, w):
6       return (x - w) * x * (x - 3)
7
8   #生成[-5, 5)以0.01为跨度的向量x
9   x = np.arange(-5, 5, 0.01)
10  #设置画布宽度为 10 * 5,单位为英寸
11  plt.figure(figsize= (10, 5))
12  #设置子图之间的宽高填充，防止子图的信息挤到一起
13  plt.subplots_adjust(wspace = 0.5, hspace = 0.5)
14
```

```
15  for i in range(1, 7):
16      #以2行3列的方式展示子图
17      plt.subplot(2, 3, i)
18      #每个子图的标题为编号 i
19      plt.title(i)
20      #绘制三次函数图形
21      plt.plot(x, f(x, i))
22      #设置y轴范围为[-100, 100]
23      plt.ylim(-100, 100)
24      #显示网格线
25      plt.grid(True)
```

程序运行后，输出图形如图11-5所示

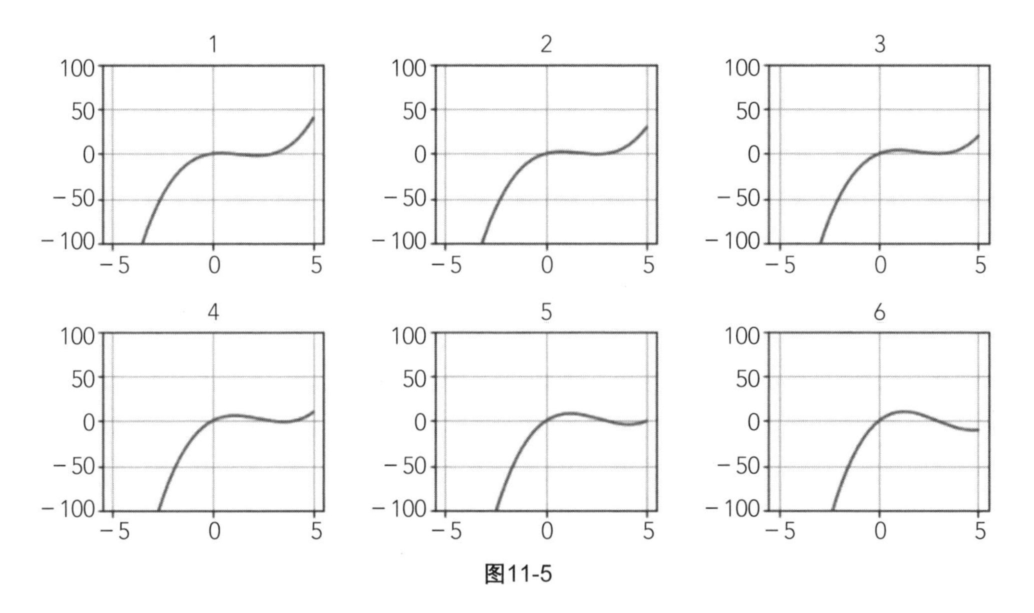

图11-5

代码第13行的函数subplots_adjust( )中的参数wspace控制子图的横向间隔，hspace控制子图纵向间隔，数值越大，间隔越大。

11.2 绘制三维图形

如果函数中有两个自变量，或数据有三个维度，要观察它们之间的关系，就需要画出3D图形，在matplotlib中称为surface。尝试画出函数 $f(x,y)=\sin\sqrt{x^2+y^2}$ 的图形（代码11-6）。

代码11-6

```
1   import matplotlib.pyplot as plt
2   import numpy as np
3   from matplotlib import cm
4
5   fig = plt.figure(figsize = (10, 5))
6
7   #生成一个3D图对象ax
8   ax = fig.add_subplot(projection = '3d')
9
10  #绘制3D图形
11  #生成x、y
12  x = np.arange(-5, 5, 0.25)
13  y = np.arange(-5, 5, 0.25)
14  #对应到3D图形所需坐标向量
15  x, y = np.meshgrid(x, y)
16  #根据x、y的值生成z
17  z = np.sin(np.sqrt(x**2 + y**2))
18
19  #设置3D图形的x、y、z数据，颜色方案
```

```
20  surf = ax.plot_surface(x, y, z, rstride=1,
cstride=1, cmap=cm.coolwarm, antialiased=False)
21  #设置z轴范围[-1.01, 1.01]
22  ax.set_zlim(-1.01, 1.01)
23  #设置显示色阶的颜色栏
24  fig.colorbar(mappable = surf, shrink=0.5,
aspect=10)
```

程序运行后，输出图形如图11-6所示。

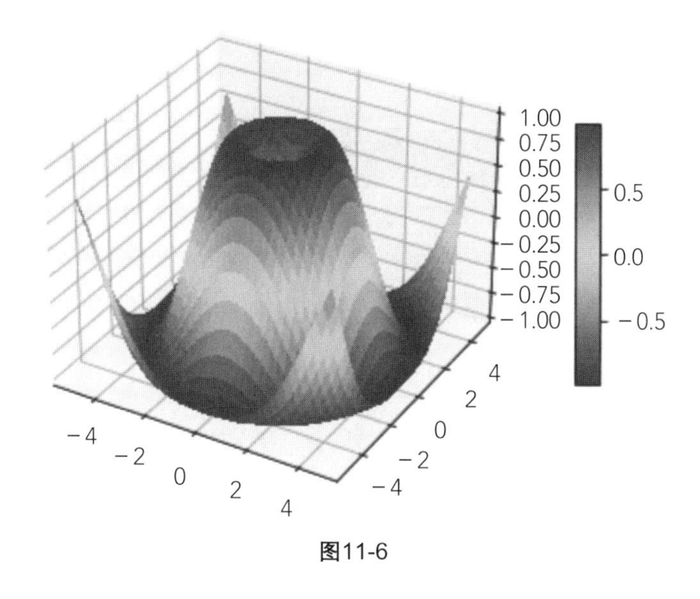

图11-6

程序中第3行使用from...import...语句导入用于配置颜色的库cm。使用这种方式后，在调用函数时，可以直接写函数名。

第5行生成一个figure对象fig，方便后续对画布设置，并设置画图宽高。

第8行中函数add_subplot( )是在画图上绘制子图，和subplot功能类似。参数projection ='3d'，表示要绘制的是一个3D图形。

第15行中函数meshgrid( )将x、y变为坐标向量。

第17行计算函数$f(x, y)$的值。

第20行中函数plot_surface( )用于绘制3D图形，参数rstride控制行间跨度，cstride控制列间跨度，参数cmap是一个颜色映射表，可以控制三维曲面的颜色映射，参数antialiased值为False时表示抗锯齿未关闭。

第24行中函数colorbar( )用于设置颜色栏，参数mappable表明这个颜色栏属于哪个图形，参数shrink控制颜色栏的长短，数值越大颜色栏越长，参数aspect控制宽窄，数值越大颜色栏越窄。

11.3 小结

本章我们使用matplotlib程序库子库pyplot中的函数绘制了直线图、散点图以及三维图形，后续机器学习中有很多抽象的算法描述和数学推导，图像可以帮助我们直观地了解后续学习的算法。

花花各不同：教会电脑做分类

扫此二维码，
▶尽享同步视频◀
精讲课程。

一般两三岁的小孩子已经可以根据颜色、大小还有其他一些细节对物体进行识别和分类了。类似地，在机器学习领域，让电脑通过学习已有数据的特性积累“经验”（实际上是确定一系列参数），预测未知数据的分类，这就是机器学习中的分类问题。

本章将使用scikit-learn程序库编写代码，让电脑学会分类，介绍评价分类器性能的方法和几个重要的参数，最后介绍几个经常用到的分类器，方便我们自己做实验时选择。

12.1 认识scikit-learn程序库

scikit-learn是一个专门处理机器学习问题的程序库，它不仅封装了解决分类、回归、聚类问题的相关算法，还附带了一些好用的经典数据集。这些特性决定了其非常适合初学者，可快速上手，不用在入门阶段就苦于深奥的数学原理以及对庞杂数据的收集和整理工作。

12.1.1 iris鸢尾花数据集

本章中会用到的数据集是iris鸢尾花。数据集包含3个鸢尾花品种：山鸢尾（iris setosa）、杂色鸢尾（iris versicolor）、维吉尼亚鸢尾（iris virginica），每个品种各有50个样本，共有150个描述鸢尾花的数据样本。每个数据样本都包括了四项描述，分别是萼片（sepal）和花瓣（petal）的长度和宽度，以厘米为单位，使用时，可以生成一个NumPy.ndarray对象来保存（图12-1）。

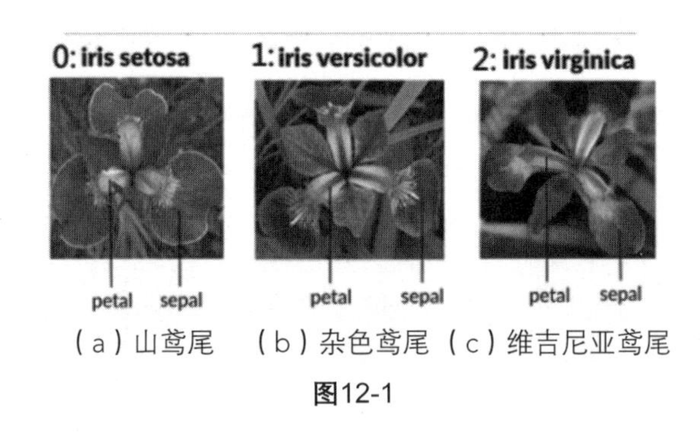

（a）山鸢尾 （b）杂色鸢尾 （c）维吉尼亚鸢尾

图12-1

运行代码12-1，更直观地感受这个数据集，代码中使用了大量陌生的类和方法，暂时不要管它们，只关注运行后的结果即可。

代码12-1

```
1   import matplotlib.pyplot as plt
2   from mpl_toolkits.mplot3d import Axes3D
3   from sklearn import datasets
4   from sklearn.decomposition import PCA
5
6   # 将实际分类结果存在数组y中，作为圆点颜色使用
7   iris = datasets.load_iris( )
```

```
8    y = iris.target
9
10   # 准备画图
11   fig = plt.figure(1, figsize=(8, 6))
12   ax = Axes3D(fig, elev=-150, azim=110)
13   X_reduced = PCA(n_components=3).fit_
transform(iris.data)
14   ax.scatter(
15       X_reduced[:, 0],
16       X_reduced[:, 1],
17       X_reduced[:, 2],
18       c=y,
19       cmap=plt.cm.Set1,
20       edgecolor="k",
21       s=40,
22   )
23   ax.set_xlabel("len_sepal")   #萼片的长度
24   ax.w_xaxis.set_ticklabels([])
25   ax.set_ylabel("width_sepal")   #萼片的宽度
26   ax.w_yaxis.set_ticklabels([])
27   ax.set_zlabel("len_petal")   #花瓣的长度
28   ax.w_zaxis.set_ticklabels([])
29
30   plt.show( )
```

在运行后的3D数据图（图12-2）中，三种颜色的圆点表示三个不同品种鸢尾花的样本，从空间的分布上可以看到数据本身是有明显区分度的。下面就要用这些数据，训练出一个能分辨三种鸢尾花的分类器。

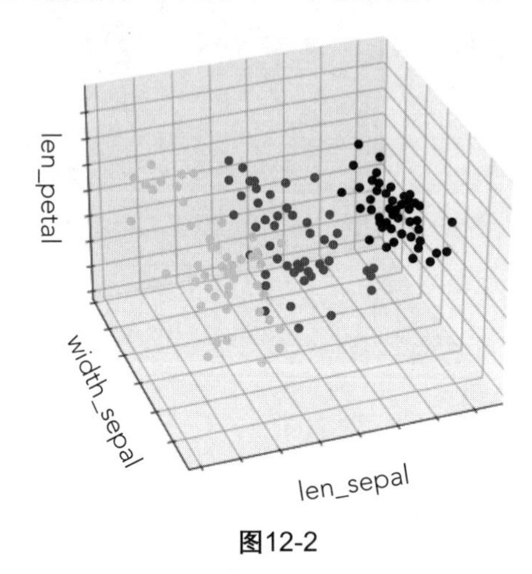

图12-2

12.1.2 创建分类器，区分三种鸢尾花

scikit-learn中封装了很多分类器，可以简单理解为定义了许多功能为分类的函数，供使用者调用。我们暂时不去关心这些分类器到底是如何实现的，而先通过使用它，明白机器学习的大致流程。

接下来对鸢尾花数据创建分类器（代码12-2）。

代码12-2

```
1   from sklearn.svm import SVC
2   from sklearn.model_selection import train_test_
split
3   from sklearn.datasets import load_iris
4   iris = load_iris( )
5   X = iris.data
```

```
6   y = iris.target
7   X_train, X_test, y_train, y_test = train_test_
split(X, y, test_size = 1 / 3, random_state = 0)
8   clr = SVC(C = 0.5, kernel = "linear", decision_
function_shape='ovr', probability = True)
9   clr.fit(X_train, y_train)
10  y_pred = clr.predict(X_test)
11  score = clr.score(X_test, y_test)
12  print("准确率：", score)
13  print(y_pred)
14  print(y_test)
```

第1 ~ 3行导入scikit-learn程序库中的要用到的类和模块。

第4 ~ 6行从iris数据集读取数据。通常会把多维数组命名为大写，一维命名为小写。X保存了样本萼片和花瓣的长度和宽度，y保存了样本的类别，相当于正确答案。

第7行使用train_test_split( )方法将数据集分为训练数据X_train、y_train和测试数据X_test、y_test，参数test_size的值表示测试数据占全部样本数据的比例，这里设定为1/3，random_state表示这些样本数据都打乱了顺序（不打乱的话，就会总是学习数据的前2/3）。

第8行使用支持向量机算法SVC( )生成了分类器clr，关于SVC会在后面详细说明，现在只要知道它是个很好的分类算法就行了。

第9行使用fit( )方法在X_train和y_train上对分类器clr进行了训练，相当于做了这本练习题。

第10行使用训练过的分类器的predict( )方法对X_test进行预测，相当于进了考试。

第11行比对预测结果和正确答案，得到准确率，也就是考试的得分。

第12～14行分别打印了本次预测的准确率，对所有数据的预测结果和所有数据的真正样本分类。

程序运行的结果如下：

```
准确率：0.98
[2 1 0 2 0 2 0 1 1 1 2 1 1 1 1 0 1 1 0 0 2 1 0 0 2 0 0 1 1 0 2 1 0 2 2 1 0
 2 1 1 2 0 2 0 0 1 2 2 2 2]
[2 1 0 2 0 2 0 1 1 1 2 1 1 1 1 0 1 1 0 0 2 1 0 0 2 0 0 1 1 0 2 1 0 2 2 1 0
 1 1 1 2 0 2 0 0 1 2 2 2 2]
```

结果表示通过这次学习取得的分类器准确率为98%。后面的两个数组分别是分类器预测的鸢尾花品种和实际数据样本中标注的鸢尾花品种。对比数据，可以看到在50对数据中只有1对不符，故准确率是98%。

12.2 “泛化”与“过拟合”

前面学习时提到了一点，希望分类器有更强的“泛化”能力，千万不要在学习数据上做测试，这样会引起“过拟合”。这两个词看起来不好理解，实际上学习时要天天面对。把老师每天讲的习题看成训练数据，把考试的试题看成测试数据，这时候模型就是每个学生，模型的泛化能力就是学生的水平，如果考试都用平常练过的习题，显然大家会取得好成绩，甚至是全对，但是学生面对难度较大的试卷时成绩就不一定理想了。

机器学习的目的和学校培养学生的目的相同，都是希望通过训练让机器或学生掌握某种“规律”，从而对未知的数据做出准确的判断。这种对未知数据的分类能力就叫泛化能力。仅对训练数据表现优异，对未知数据一塌糊涂的现象就叫过拟合（Overfitting）。

12.3 评价分类器的性能：准确率、查准率、查全率、F值

前面我们创建了鸢尾花的分类器，并得到了准确率为98%的高分。除了准确率，通常还有一些指标可以用来判断一个分类器的好坏。

为了方便说明，考虑一个二值分类器。就和运动员赛前检验兴奋剂一样，检查的结果是阳性或阴性。如果运动员吃了兴奋剂，那就是真阳性，否则假阳性。如果选手没有吃兴奋剂，那么是真阴性，否则假阴性。如此预测的真假和实际的真假构成了一个表格（表12-1），这个表格通常被称为“混淆矩阵”（Confusion Matrix）。

表12-1

	预测为真	预测为假
实际为真	真阳性（True Positive，TP）	假阴性（False Negative，FN）
实际为假	假阳性（False Positive，FP）	真阴性 (True Negative，TN)

按照以上的分类，可以进行准确率、查准率、查全率三个指标的计算：

$$准确率 = \frac{TP + TN}{TP + TN + FP + FN}$$

$$查准率 = \frac{TP}{TP + FP}$$

$$查全率 = \frac{TP}{TP + FN}$$

准确率（Accuracy）是整个事件中正解所占的比例。针对分类器定义为1个值。

查准率（Precision）是分类器预测为真时正确的比例。

查全率（Recall）表示对于真正为真的样本，分类器能够预测出的比例。

此外还有一个常用的F值（F-measure），它是查准率和查全率的调和平均，达到综合看这两个指标的目的。

$$F值（F\text{-}measure）= \frac{2}{\frac{1}{Precision} + \frac{1}{Recall}}$$

12.4 看看鸢尾花分类器的性能

知道了这几个分类器关键指标的意思，尝试运用其分析鸢尾花分类器的性能（代码12-3）。

代码12-3

```
1  from sklearn import metrics
2
3  print("准确率:", metrics.accuracy_score(y_test,
y_pred))
4  print("混淆矩阵:\n", metrics.confusion_matrix(y_
test, y_pred))
```

```
5  print("查准率:", metrics.precision_score(y_test, y_pred, average=None))
6  print("查全率:", metrics.recall_score(y_test, y_pred, average=None))
7  print("F值:", metrics.f1_score(y_test, y_pred, average=None))
```

第1行导入分类器性能评价模块metrics。

第3行输出准确率。

第4行输出混淆矩阵。

第5～7行输出查准率、查全率和F值。

结果如下：

准确率：0.98

混淆矩阵：

```
[[16  0  0]
 [ 0 18  1]
 [ 0  0 15]]
```

查准率：[1.   1.   0.9375]

查全率：[1.   0.94736842   1.]

F值：[1.   0.97297297   0.96774194]

山鸢尾、杂色鸢尾、维吉尼亚鸢尾的查准率分别是1、1和0.9375。这里鸢尾花因为有三类，所以形成的混淆矩阵中的元素如表12-2所示

表12-2

	山鸢尾	杂色鸢尾	维吉尼亚鸢尾
山鸢尾	16	0	0
杂色鸢尾	0	18	1
维吉尼亚鸢尾	0	0	15

混淆矩阵中的每一列代表了预测类别，每一行代表了数据的真实归属类别，可以看到山鸢尾的预测完全准确，而有一次预测将原本的杂色鸢尾预测为了维吉尼亚鸢尾。

三个品种的查全率分别是1、0.94736842、1，三个品类的F值分别是1、0.97297297、0.96774194。

这四项指标中，准确率是分类器的大致性能，但当数据集中多个类别的数量有很大偏差时，就不好用了。

12.5 分类器知多少

12.5.1 支持向量机（SVM）

在刚刚的分类问题中，用于分类的算法就是支持向量机SVM（Support Vector Machine）。它是一种分类和回归都可以使用的监督学习算法。其原理是绘制一条将数据分成两部分的直线，这样的直线会有多个选择，最终选择到邻近样本边缘的和最大的直线。在三维空间中，这条“直线”表现为一个平面，对数据进行区隔，而在更高维度时，则表现为一个超平面。

除了二分类，支持向量机也可以将数据分成多类，只需要将多个支持向量机组合起来。本章中的iris数据集就用支持向量机分为了三类，如图12-3所示。

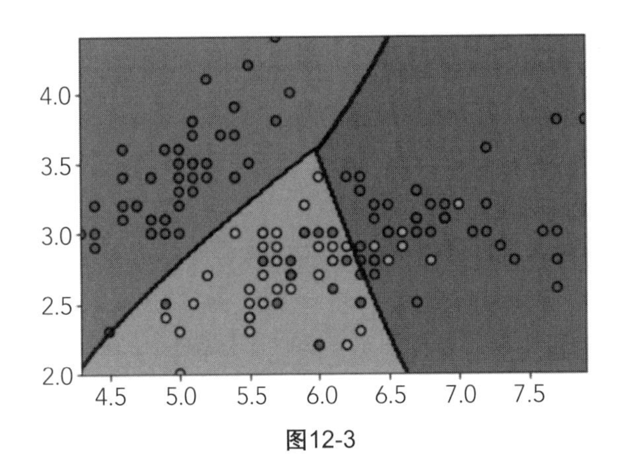

图12-3

SVM分类器实现语句为：

```
from sklearn import svm
clr = svm.SVC(C = 0.5, gamma = 0.001)
```

SVM模型中有两个重要参数——C和gamma。这里做简单理解，参数C是惩罚系数，C越高越不容易出现误差，但是容易过拟合，C越低越容易欠拟合，默认值为1.0。参数gamma大，训练时效果好，但是容易过拟合，小则容易欠拟合。

支持向量机可以在学习很少数据的情况下，得到不错的性能，只是速度相对较慢。如果精度要求较低，就可以使用下面介绍的决策树算法和随机森林算法。

12.5.2 决策树

决策树依靠多次判断可以将数据分成多个类别，是监督学习的一种。生活中，免不了头疼脑热，去医院看病，经验丰富的医生通过问一系列问题来初步判断病症，这个过程就可以用图12-4所示的决策树来表示。

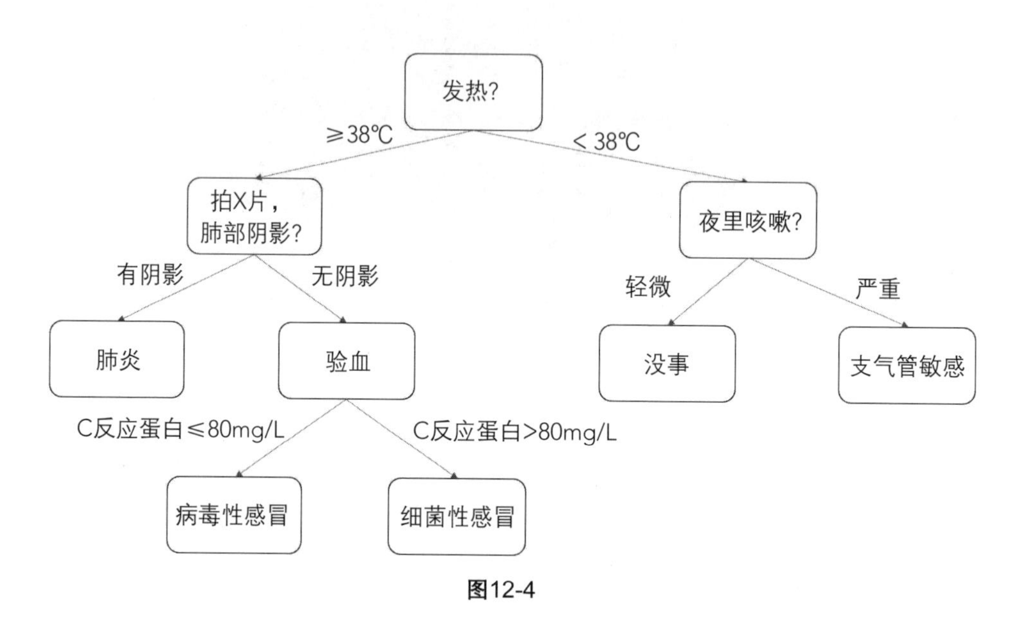

图12-4

决策树模型是实现分类的分支处理的集合。它的优点是可视化，容易理解和解释，比如银行在决定是否对某个用户贷款时就使用决策树模型，业务员可以非常明确地知道风险点是什么。决策树的缺点是有过拟合的倾向。另外，根据处理数据的特性，也有难以生成模型的情况。

创建决策树分类器的语句为：

```
from sklearn import tree
clr = tree.DecisionTreeClassifier(max_depth = 3)
```

参数max_depth指定了生成树的层数为3层。

由于决策树有过拟合的倾向，所以一般会对决策树进行优化，其中典型的方式就是随机森林（Random Forest）。

12.5.3 随机森林（Random Forest）

随机森林算法的原理是组合若干个性能低的分类器（称为弱分类器），制作出一个性能强的分类器。通常用装袋法（Bagging）将学习数据分成多组。分类时，由各个弱分类器输出的分类结果决定，如图12-5所示。

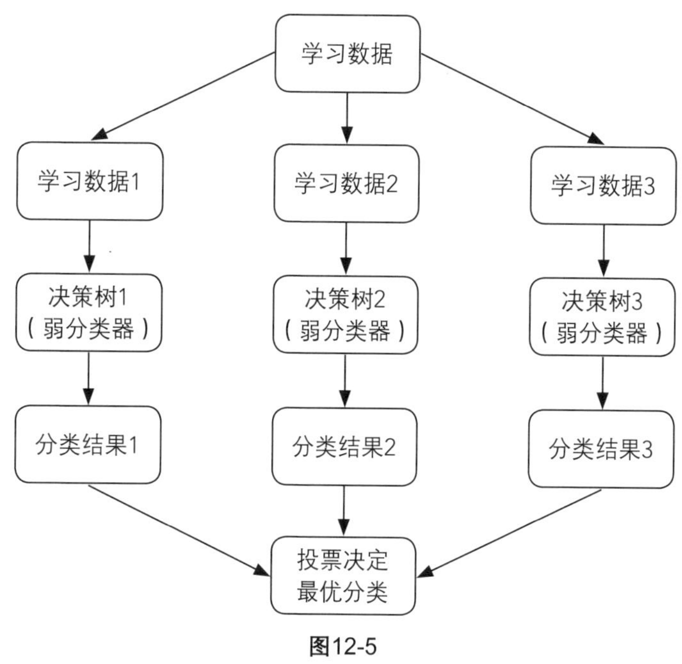

图12-5

随机森林分类器的生成语句为：

```
from sklearn import ensemble
clr = ensemble.RandomForestClassifier(n_estimators =
20, max_depth = 3, criterion = 'gini')
```

参数n_estimators是弱分类器的数量，默认情况是10。criterion制订了一种名为CART的决策树算法。

12.6 小结

在本章的学习中，我们初步接触了机器学习中的分类任务，它是机器学习最重要的三个任务之一，另外两个是回归和聚类。介绍了分类中的几个经典算法：支持向量机、决策树、随机森林，并使用scikit-learn这个经典的机器学习程序库调用这几个算法，尝试着去解决鸢尾花的分类问题，并观察了相应的分类结果。

小提示

机器学习的章节不可避免地冒出一些术语名词和数学公式，看着生僻的它们，确实是一头雾水，但只要勤问下面几个问题，机器学习还是很好上手的，以分类举例，问题如下：

机器学习中的分类任务在生活中的应用是什么？

分类任务是如何实现的？有哪几种思路或经典算法？

这几种方法效果怎样？采用什么样的方式评估它们？

13.1 什么是回归问题

所谓回归问题，就是在已有的输入输出中寻找规律。比如日照、降水量、土地肥沃度都决定了蔬菜的产量，日照、降水量、土地肥沃度都可以看作输入，蔬菜产量看作输出，让机器学习历年的数据，并对来年的情况进行预测，就是一个回归问题。可以理解为有输入和输出数值，让机器总结出一个最佳公式，从而预测下次输入对应的值。

相信很多同学会说，回归问题应该叫预测问题才对。实际上英文中的回归一词“regression”有衰退的意思。生物统计学家高尔顿研究父母身高对子女身高影响时发现，即使父母的身高都特别高，孩子也未见得比父母高，而是有“衰退”或称“回归”至平均身高的倾向。高尔顿当时还拟合了一个父母平均身高x和儿子平均身高y的经验方程（原方程为英制单位，参数已换算为公制单位“米”）：

$$y = 0.86 + 0.516x$$

高尔顿把这个现象称为“向平均数方向的回归”，为了纪念高尔顿的发现，“回归”这个词就被沿用了下来。

13.2 回归问题的分类

回归问题可以按照解析式形式和变量数量分类。

按解析式形式，回归问题可以分为线性回归和非线性回归。线性回归是指通过式子$Y = w_0 + w_1x_1 + w_2x_2 + \cdots + w_px_p$去求参数（$w_0$，$w_1$，$w_2$，…，$w_p$）。线性回归的应用非常广泛，如医学上吸烟对死亡率的影响最早就采用了线性回归的形式；经济学上将线性回归作为主要的实证工具，可以用来预测消费支出、劳动力需求、劳动力供给。

所有非线性的回归都被归类为非线性回归。金属热胀系数和温度之间的关系就经常用非线性回归模型进行分析。

按变量数分类可以分为一元回归和多元回归。一元回归是指回归问题的输出由一个变量决定，如 $y = ax + b$。使用两个变量及以上的回归称为多元回归，如 $y = ax_1 + bx_2 + c$。

13.3 回归问题求解的利器：最小二乘法

回归问题的核心是求解参数（w_0，w_1，w_2，…，w_p）。先从最简单的一元回归入手（图13-1），从图形直观地看，一元回归就是求一条尽量拟合所有散点的直线。如果能找到一条经过所有点的直线无疑是最好的，但实际中总有点是偏离的，那么怎样的一条直线才是最佳选择呢？

首先把图13-1中的点记作(x_1, y_1)，(x_2, y_2)，(x_3, y_3)，(x_4, y_4)，直线表示为 $y = f(x)$。让实际的值 y_1，y_2，y_3，y_4和预测值 $f(x_1)$，$f(x_2)$，$f(x_3)$，$f(x_4)$的差值之和$\sum [y_i - f(x_i)]$最小的直线，就是让预测值和实际值误差最小的直线。但要注意的是，$y_i - f(x_i)$的值有可能是正的，也有可

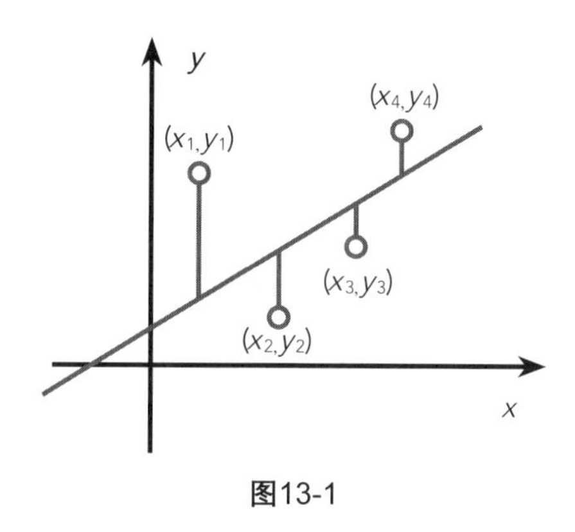

图13-1

能是负的，单纯相加会相互抵消，所以对各个差值平方后再相加，即可避免这种影响。这就是最小二乘法的原理，即求参数(w_0，w_1，w_2，…，w_p)，使$\sum[y_i-f(x_i)]^2$的值最小。

拓展小知识

最小二乘法的发现源于天文领域。1801年，意大利天文学家皮亚齐发现了太阳系中的第一颗小行星——谷神星，40天后谷神星飞到了太阳的背面（观测不到谷神星了），这可急坏了皮亚齐，也让当时全世界的科学家都投入到了计算谷神星轨道的工作中，大多数人的计算都没有结果，当时24岁的高斯依据这40天的数据，使用最小二乘法计算出了谷神星的轨道，使天文学家重新发现了谷神星。

13.4 尝试一元回归

scikit-learn中封装了最小二乘法计算，可以通过导入sklearn.linear_model.LinearRegression( )来进行模型的训练和预测。

问题设定为前面说过的父母平均身高对孩子身高的影响，我们可以从自己、同学、身边的朋友处收集10组数据，分别记录父亲、母亲和孩子的身高。为了简单起见，将男孩和女孩分开，用回归的方式训练一个用于预测男孩身高的模型（表13-1）。

表13-1

样本	父亲身高/米	母亲身高/米	父母平均身高/米	儿子身高/米
样本1	1.78	1.56	1.67	1.80
样本2	1.70	1.55	1.625	1.72
样本3	1.90	1.80	1.85	1.90
样本4	1.83	1.63	1.73	1.80
样本5	1.73	1.62	1.675	1.83
样本6	2.06	1.80	1.93	1.93
样本7	1.80	1.75	1.775	1.90
样本8	1.77	1.67	1.72	1.80
样本9	1.88	1.80	1.84	1.90
样本10	1.70	1.55	1.625	1.75

接下来就依据这个小小的数据集进行建模和训练，首先导入所需模块（代码13-1）。

代码13-1

```
import numpy as np
import matplotlib.pyplot as plt
from sklearn import linear_model
```

第1行的numpy用于数据存储和运算，第2行的matplotlib用于绘图，第3行的sklearn提供所需的回归模型。

完成导入后，下一步是载入数据，因为数据量很小，采用直接初始化的方式（代码13-2）。

代码13-2

```
x = np.array([1.67, 1.625, 1.85, 1.73, 1.675, 1.93,
1.775, 1.72, 1.84, 1.625]).reshape(-1, 1)
y = np.array([1.8, 1.72, 1.9, 1.8, 1.83, 1.93, 1.9,
1.8, 1.9, 1.75]).reshape(-1, 1)
```

向量x表示父母平均身高，向量y表示儿子身高。

有了数据，就可以使用数据进行训练（代码13-3）。

代码13-3

```
model = linear_model.LinearRegression( )
model.fit(x, y)
```

第1行使用LinearRegression( )方法生成线性回归模型，第2行使用预置数据x和y对模型进行训练。

将训练所得的回归方程直观地打印出来（代码13-4）。

代码13-4

```
plt.scatter(x, y, marker ='+')
plt.plot(x, model.predict(x), c = 'r')
plt.show( )
```

程序运行后，结果如图13-2所示。

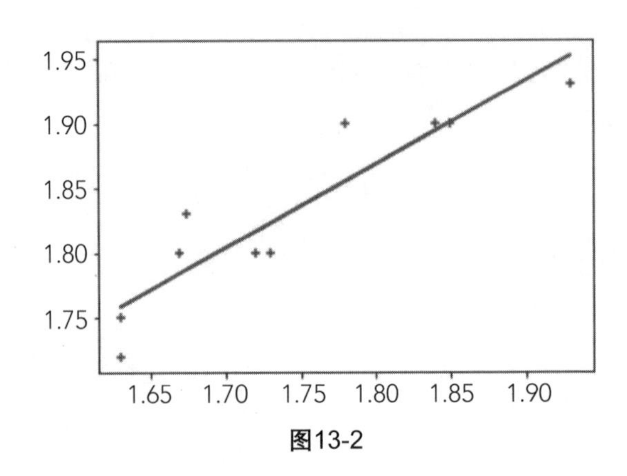

图13-2

拟合直线是根据训练后的方程 $y = ax + b$所绘制的直线，图中的‘+’点是原始数据。从图形上看预测直线基本穿过了点的中间。

最后打印 $y = ax + b$式子中a和b的值（代码13-5）。

代码13-5

```
print(model.coef_)
print(model.intercept_)
```

程序输出如下：

[[0.64544992]]

[0.70636717]

系数a保存在model.coef_中，数值为0.64544992，截距b保存在model.intercept_中，数值为0.70636717。按照这组数据生成的一元回归方程可以写为：$y = 0.64544992x + 0.70636717$。参数和高尔顿的方程有着明显的差异，虽然同样都是最小二乘法，但是我准备的数据集显然更加“玩具”，只是为了让大家理解回归所做的示例。读者也可以将数据对象设定为身边的朋友、亲人，训练一个模型出来。

13.5 回归问题的评价——决定系数

回归问题和分类问题不同，分类问题通过测试组来判断模型的准确率，而回归问题普遍采用R^2（决定系数）作为评价回归结果的主要参考。

$$R^2 = 1 - \frac{（观测值-预测值）^2}{（观测值-全体观测值平均值）^2}$$

简单来说，R^2的数值越接近1，说明预测模型越好。用代码13-6打印刚才的身高预测模型。

代码13-6

```
r2 = model.score(x, y)
print(r2)
```

程序运行后输出

0.84869408051614

13.6 尝试多元回归

前面例子中，我们使用了父母身高均值作为单一变量，如果将父亲身高和母亲身高作为两个变量x_1和x_2进行训练并预测儿子身高y，就构成了最简单的多元线性回归：

$$y = w_1x_1 + w_2x_2 + b$$

仍然使用之前的数据，分别保存父亲身高和母亲身高（代码13-7）。

代码13-7

```
import numpy as np
import matplotlib.pyplot as plt
```

```
from sklearn import linear_model

x1 = np.array([1.78, 1.7, 1.9, 1.83, 1.73, 2.06, 1.8,
1.77, 1.88, 1.7])
x2 = np.array([1.56, 1.55, 1.8, 1.63, 1.62, 1.8, 1.75,
1.67, 1.8, 1.55])
x1_x2 = np.c_(x1, x2)
```

前3行和之前的代码相同，导入需要使用的模块。

后3行中，向量x1和向量x2分别表示父亲的身高和母亲的身高。最后一行将两个列向量合并为一个10行2列的矩阵x1_x2。输出这个矩阵结果如下：

```
[[1.78 1.56]
 [1.7  1.55]
 [1.9  1.8 ]
 [1.83 1.63]
 [1.73 1.62]
 [2.06 1.8 ]
 [1.8  1.75]
 [1.77 1.67]
 [1.88 1.8 ]
 [1.7  1.55]]
```

有了x1_x2矩阵，开始训练模型，并简单地绘制图形，用以观察模型（代码13-8）。

代码13-8

```
model = linear_model.LinearRegression( )
model.fit(x1_x2, y)
y_ = model.predict(x1_x2)

plt.subplot(1, 2, 1)
plt.scatter(x1, y, marker = '+')
plt.scatter(x1, y_, marker = 'o')

plt.subplot(1, 2, 2)
plt.scatter(x2, y, marker = '+')
plt.scatter(x2, y_, marker = 'o')
plt.tight_layout( )
plt.show( )
```

运行代码输出结果如图13-3所示。

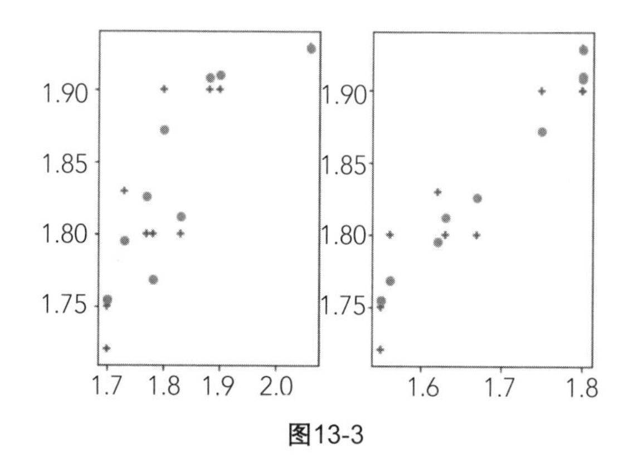

图13-3

第一段代码训练模型，并将预测值保存在y_中。

其余几段代码绘制图13-3，实心圆表示预测值，“+”表示观测值，实心圆越接近“+”，代表模型表现越好。

显然图中的表现没有那么好，不过也没有很离谱。

最后打印回归方程$y = w_1x_1 + w_2x_2 + b$中的系数w_1、w_2和截距b，以及决定系数R^2（代码13-9）。

代码13-9

```
print(model.coef_)
print(model.intercept_)
r2 = model.score(x1_x2, y)
print(r2)
```

运行代码，输出如下：

[[0.11319067 0.53289379]]

[0.73602762]

0.8873017379434627

观察结果，发现母亲的系数0.53要大于父亲的0.11，难不成真的是“爹矮矮一个，娘矮矮一窝”？当然因为数据较少，并不能推导出这个结论。决定系数R^2提升到了0.887，比刚才的0.84有些进步，看来多引入一个变量后，模型变好了。

13.7 非线性回归问题的解决：其他回归模型

在scikit-learn中，除了线性回归模型（linear_model）还有其他回归模型，这些模型适合计算非线性回归问题。首先通过模拟一个余弦函数$y = \cos x$来创建数据集。在$x \in [-10, 10]$时，随机生成1000个y，且加入一个绝对值小于0.1的误差值（代码13-10）。

代码13-10

```
import math

import numpy as np
import matplotlib.pyplot as plt

#生成1000个[0, 1]之间的随机数
x = np.random.rand(1000, 1)
#将值的范围限定为[-10, 10]
x = x * 20 - 10

#创建对应的y
y = np.array([math.cos(i) for i in x])
#附加噪声
y += np.random.randn(1000)
```

有了数据之后，可以先看一下最小二乘法的拟合情况，通过运行代码13-11即可查看。

代码13-11

```
from sklearn import linear_model
model = linear_model.LinearRegression( )
model.fit(x, y)

print(model.score(x, y))

plt.scatter(x, y, marker = '+')
plt.scatter(x, model.predict(x), marker = 'o')
plt.show( )
```

代码运行后，显示决定系数R^2的值为0.00018472942700131778。

原数据用“+”表示，拟合的数据用圆表示，模型拟合的结果如图13-4所示，可以说是毫不相关了。

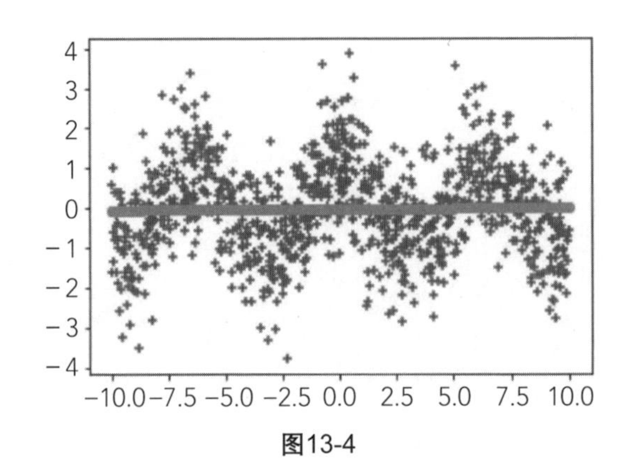

图13-4

13.7.1 支持向量机

支持向量机虽然主要用于分类问题，但在回归问题上也可以使用（代码13-12）。

代码13-12

```
from sklearn import svm

model = svm.SVR( )
model.fit(x, y)

print(model.score(x, y))

plt.scatter(x, y, marker = '+')
plt.scatter(x, model.predict(x), marker = 'o')
plt.show( )
```

代码运行后，显示决定系数R^2的值为0.20725848142124126。

虽然R^2的值仍然很低，但预测值描绘的曲线可以看出一点余弦函数的样子，如图13-5所示。

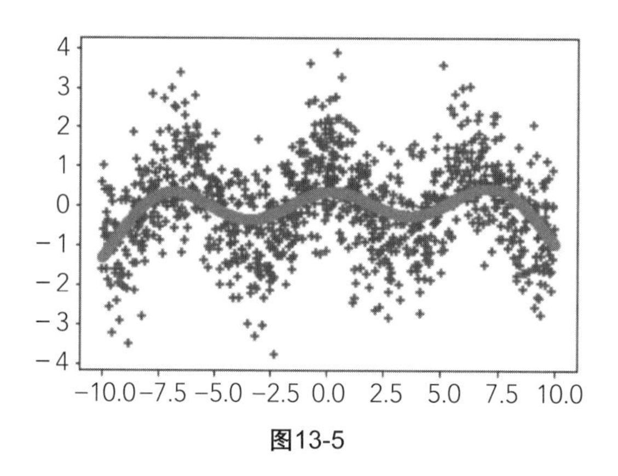

图13-5

13.7.2 随机森林

随机森林算法也经常用于分类问题，这里也可以用于回归预测（代码13-13）。

代码13-13

```
from sklearn import ensemble

model = ensemble.RandomForestRegressor( )
model.fit(x, y)

print(model.score(x, y))

plt.scatter(x, y, marker = '+')
plt.scatter(x, model.predict(x), marker = 'o')
plt.show( )
```

代码运行后，显示决定系数R^2的值为0.8679242897990396。

拟合情况如图13-6所示。

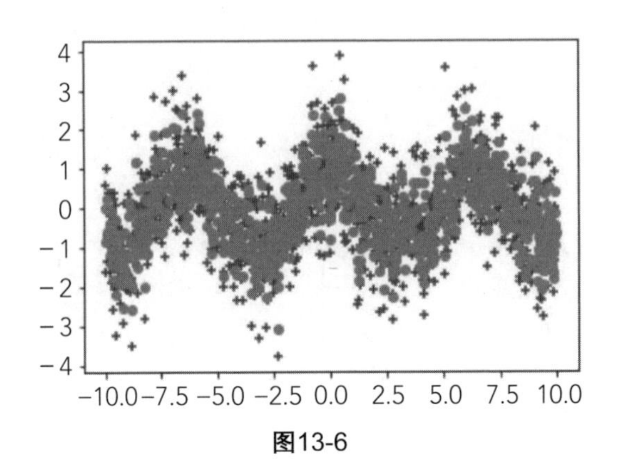

图13-6

13.7.3 K邻近算法

K邻近算法是基于数据相邻性的算法，经常被用于解决聚类问题，也可以用来尝试解决回归问题（代码13-14）。

代码13-14

```
from sklearn import neighbors

model = neighbors.KNeighborsRegressor( )
model.fit(x, y)

print(model.score(x, y))

plt.scatter(x, y, marker = '+')
plt.scatter(x, model.predict(x), marker = 'o')
plt.show( )
```

代码运行后，显示决定系数R^2的值为0.8679242897990396。

拟合情况如图13-7所示。

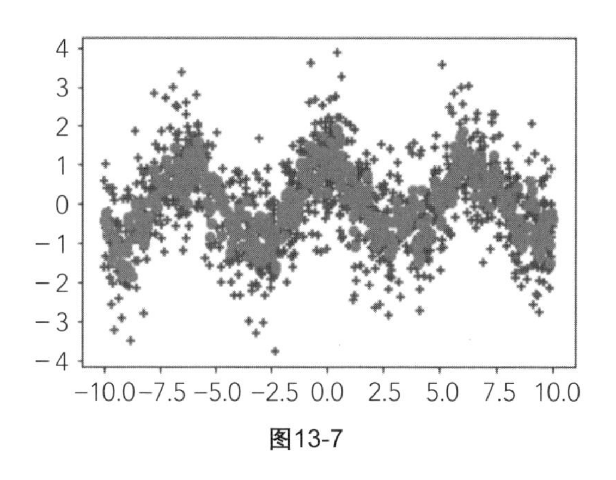

图13-7

13.8 小结

本章介绍了回归问题，明确了最小二乘法的原理，探索了训练和使用一元回归和多元回归模型，并用决定系数R^2来评估模型好坏。最后介绍了多种非线性回归模型。

学习完本章后，我们可以去寻觅一些生活中的问题，整理数据，建立回归模型，尝试进行预测，相信你一定会变成大家眼里的“预言家”。

龙找龙，凤找凤，好汉对英雄：聚类

常言道，物以类聚，人以群分，具有相似气质的人总会相遇，相似的物品总被摆放在相邻的货架上。在机器学习领域，将众多具有不同属性的数据分成有限个集合（或称为簇），就叫聚类分析。

一个拥有百万甚至千万用户的线上应用，比如电商、媒体等，如果想要研究用户行为进而运营用户创建效益，那么首先就要明确自己的用户可分为几类，聚类算法此时可以帮助划分人群。

城市中有很多商铺、景观等，政府规划城市时需要将这些散落的地点划分为几大区域，进行整体包装和推广。聚类算法可以综合附近的道路、环境等因素去判断某个地点该属于哪个区域。

14.1 聚类和分类不同

聚类是无监督学习的一种，和分类问题不同，它没有预设的答案。聚类算法通过寻找数据之间的相似性将数据划分成多个子集，这些数据子集被称为簇（cluster）。图14-1直观表示了簇的概念，使用scikit-learn中自带的聚类数据生成器创建400个二维数据点，将其分为4个簇，对不同的簇标记不同的颜色。

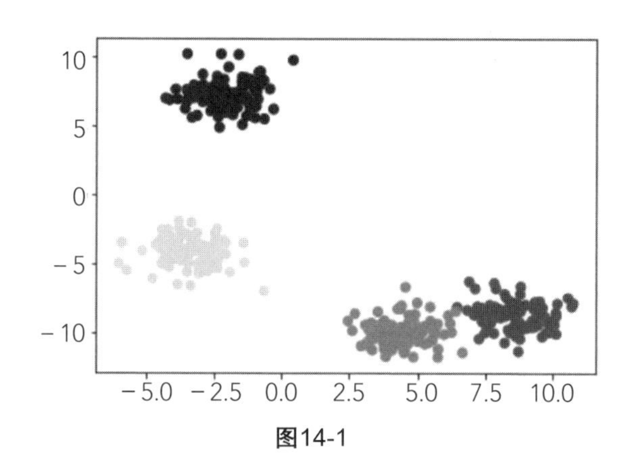

图14-1

14.2 簇间距离的计算

在14.1节的例子中，距离是划分数据的主要依据，如何计算两个数据点之间的距离，或者说如何定义两个数据点的距离函数就成了聚类的第一个关键。

14.2.1 欧氏距离

在一个二维平面上，计算两个数据点的距离，一般先想到的就是欧几里得距离（又称欧氏距离），如果点A坐标（1，2），点B坐标（3，4），很容易想到的计算方式是距离$D=\sqrt{(x_a-x_b)^2+(y_a-y_b)^2}$，计算后得到距离为$2\sqrt{2}$，如图14-2所示。

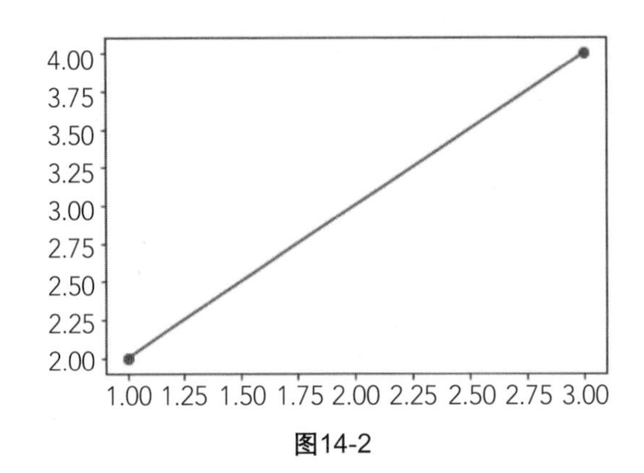

图14-2

图14-2中左下角的点为A点，右上角的点为B点，两点之间的线段长度就是A和B的距离。

14.2.2 曼哈顿距离

直线距离虽然是两点之间的最短距离，可在现实生活中，想从A点前往B点，往往不能“直线”到达。像北京、西安这样的城市被南北、东西等方向的街道分割成网状，在这样的城市中，坐上一辆出租车从A点到B点，出租车所走过的距离，就被称为曼哈顿距离，这是因为美国纽约市曼哈顿区也和北京、西安一样，被道路分成了网格状。图14-3所示即为纽约麦迪逊广场到林肯中心的曼哈顿距离。

图14-3

此时距离的计算方式为$D=|x_a-x_b|+|y_a-y_b|$。同样，刚才的点A和点B的曼哈顿距离就是4。可以看到因为不能走直线，所以曼哈顿距离要比欧氏距离远。

14.2.3 明科夫斯基距离

在曼哈顿距离和欧氏距离的基础上加以推广，就可以得到计算更高维度空间的距离公式，设有两点$P=(x_1, x_2, x_3, \cdots, x_n)$和$Q=(y_1, y_2, y_3, \cdots, y_n)$，其明科夫斯基距离（简称明氏距离）$D=(\sum_{i=1}^{n}|x_i-y_i|^p)^{\frac{1}{p}}$，当$p=1$时，为曼哈顿距离；当$p=2$时，为欧氏距离。

14.3 经典聚类算法：k均值算法

k均值（k-means）算法是基于数据点间距离的算法。根据两个数据点相距越近，相似度越高，可将数据集划分为指定的k个簇，簇内的数据点距离应尽量近，簇间距离应尽量远。

14.3.1 k均值算法的步骤

图14-4示意了k均值算法的过程，指定簇的数量为2个，再不断推进聚类。

第一步载入数据集。

第二步确定簇中心。确定簇中心时可以是随机的，但更多时候使用的是k均值算法，这种算法的目的是让各个簇中心尽量远。

第三步对每个数据点计算它到簇中心的距离，并将它分配到距离它最近的簇中。

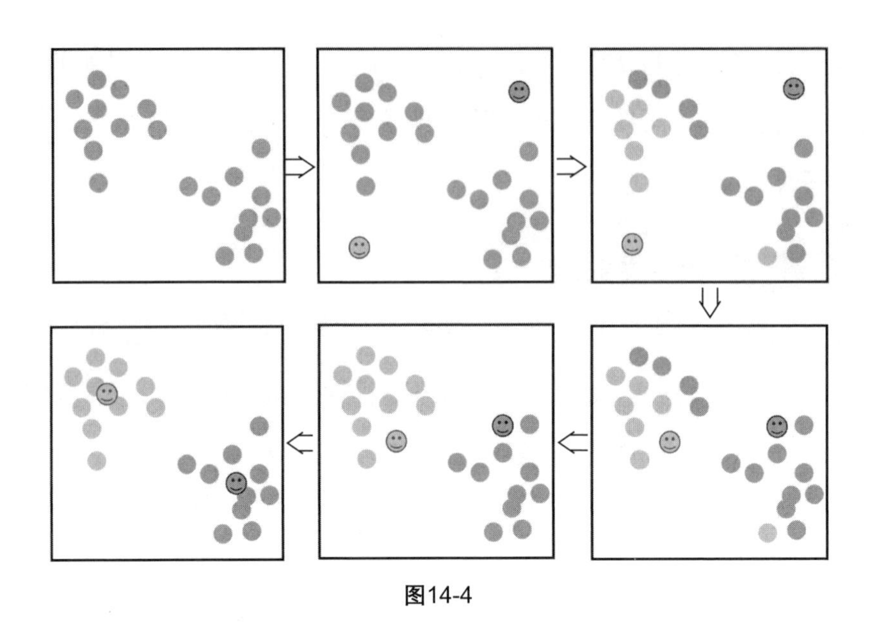

图14-4

第四步计算簇的质心，一般采用簇中所有数据点算术平均的方式。

第五步根据数据点到新的质心的距离，重新划分数据点。

重复执行第三、四、五步，一直达到某个终止条件，比如每次迭代数据点所属的簇改变的次数比预设的阈值小，就结束处理。

14.3.2 在wine数据集上使用k均值算法

为了方便起见，使用scikit-learn中自带的红酒数据集wine进行k均值算法的演示。首先来看看wine这个数据集的主要属性（代码14-1）。

代码14-1

```
#首先导入数据集模块
from sklearn import datasets

#生成红酒数据集对象
wine = datasets.load_wine( )
```

```
#输出数据集的维度形状
print(wine['data'].shape)
#输出数据的特征
print(wine.feature_names)
```

运行后输出：

(178,13)

['alcohol','malic_acid','ash','alcalinity_of_ash','magnesium','total_phenols','flavanoids','nonflavanoid_phenols','proanthocyanins','color_intensity','hue','od280/od315_of_diluted_wines','proline']

数据集中一共包含3类178支产自意大利的红酒检测样本，每支红酒用13个数据维度描述，它们分别是：酒精（alcohol）、苹果酸（malic_acid）、灰分（ash）、灰分的碱度（alcalinity_of_ash）、镁（magnesium）、总酚（total_phenols）、黄酮类化合物（flavanoids）、非黄酮类酚（nonflavanoid_phenols）、原花青素（proanthocyanins）、颜色强度（color_intensity）、色调（hue）、稀释葡萄酒的od280/od315（od280/od315_of_diluted_wines）、脯氨酸（proline）。

我们选择苹果酸、灰分、灰分的碱度这三项数据，尝试对数据集使用k均值算法（代码14-2）。

代码14-2

```
#前两行代码导入数据集和聚类模块。
from sklearn.datasets import load_wine
from sklearn import cluster
```

```
#生成数据集和数据对象。
wine = load_wine( )
data = wine['data']

#生成k均值模型，指定簇数为3，数据维度选择苹果酸、灰分、灰分的碱度。
model = cluster.KMeans(n_clusters = 3)
model.fit(data[:, 1:4])

#保存聚类后为数据划分的簇。
label = model.labels_

#将苹果酸和灰分碱度作为横纵坐标，输出图像观察聚类情况。
ldata = data[label == 0]
plt.scatter(ldata[:, 1], ldata[:,3], alpha = 0.3, s =
100, marker = "^")
ldata = data[label == 1]
plt.scatter(ldata[:, 1], ldata[:,3], alpha = 0.3, s =
100, marker = "o")
ldata = data[label == 2]
plt.scatter(ldata[:, 1], ldata[:,3], alpha = 0.3, s =
100, marker = "*")
```

程序运行后输出如图14-5所示。

从图14-5中可见，数据划分为3簇，簇间距离比较接近。

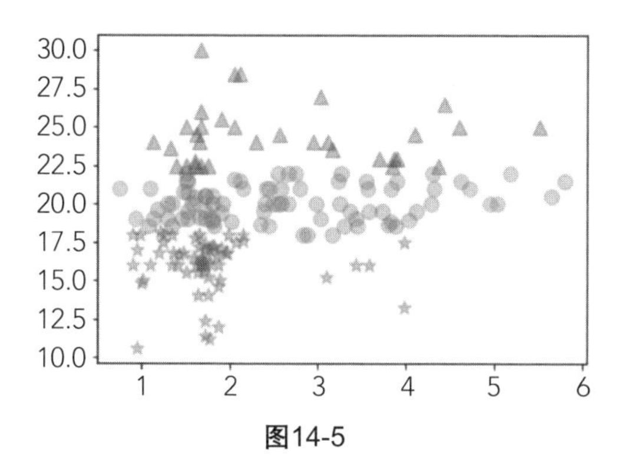

图14-5

14.4 对聚类算法的评估

实际使用k均值算法后，只通过肉眼观察分开的效果显然不太科学。和分类算法、回归算法一样，聚类算法也有自己的评估方式。这些评估方式大概可以分为两类：外部衡量指标评估和内部衡量指标评估。

外部衡量指标评估是指需要给出对比参考数据并进行比较评估。比如红酒的例子，可以参考红酒专家人工对这些红酒划分的结果进行对比。

如果缺乏这类参考，就只能采用内部衡量指标评估，它必须保证两点：簇内数据点距离尽量近，簇间数据点距离尽量远。

本例中的红酒数据集在采集数据时已经人工分为了三类，可以作为外部衡量指标，通过混淆矩阵的方式对k均值算法进行评估（代码14-3）。

代码14-3

```
from sklearn import metrics

target = wine['target']
print(metrics.confusion_matrix(target, label))
```

运行后输出：

[[15 2 42]

 [38 16 17]

 [31 15 2]]

整理为表14-1。

表14-1

		预测分类		
人工分类	红酒种类1	15	2	42
	红酒种类2	38	16	17
	红酒种类3	31	15	2

虽然从混淆矩阵的结果看，红酒种类1被预测为红酒种类3，红酒种类2被预测为红酒种类1，红酒种类3被预测为红酒种类1，看起来正确率很低，但考虑这是聚类算法，目的是考察三个类别之间的分离程度，还是可认为k均值算法基本完成了自己的工作。

14.5 其他聚类算法

除了k均值算法外，还有多种聚类算法，大致可以分为层次聚类和非层次聚类两种。

14.5.1 层次聚类

层次聚类的原理是把第一个数据作为一个簇的状态开始，通过合并距离近的簇使之凝聚，直到所有数据都合并至所需数量的簇为止。

层次聚类的主流实现方法有最短距离法、最长距离法、群平均法、Ward最小方差法等。尝试用Ward法实现层次聚类，只需要将代码14-2

中的KMeans替换为AgglomerativeClustering，如代码14-4所示。

代码14-4

```
from sklearn.datasets import load_wine
from sklearn import cluster
from sklearn.model_selection import train_test_split

wine = load_wine( )
data = wine['data']
target = wine['target']

#model = cluster.KMeans(n_clusters = 3)
model = cluster.AgglomerativeClustering(n_clusters =
3, linkage ='ward')
model.fit(data[:, 1:4])

label = model.labels_

ldata = data[label == 0]
plt.scatter(ldata[:, 1], ldata[:,3], alpha = 0.3, s =
100, marker = "^")
ldata = data[label == 1]
plt.scatter(ldata[:, 1], ldata[:,3], alpha = 0.3, s =
100, marker = "o")

ldata = data[label == 2]
plt.scatter(ldata[:, 1], ldata[:,3], alpha = 0.3, s =
100, marker = "*")
```

将程序运行后生成的聚类图像和之前的k-means方法生成的图像做对比，如图14-6所示。

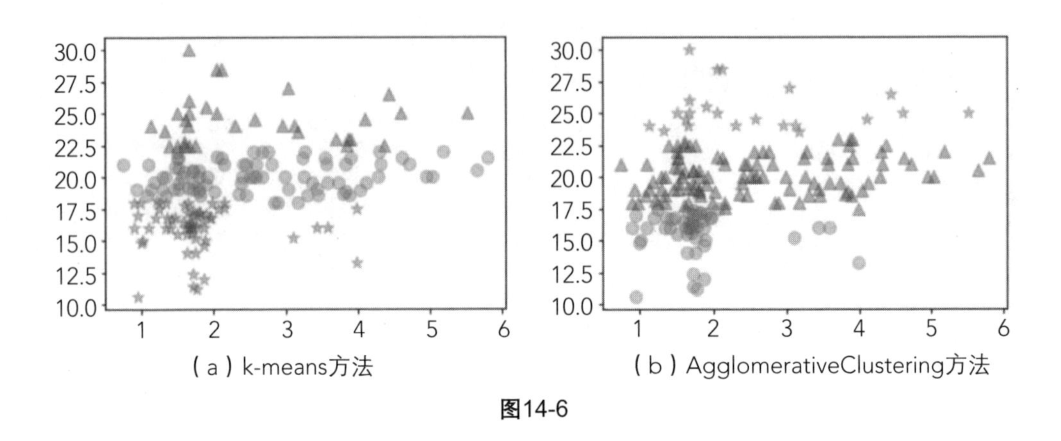

（a）k-means方法　（b）AgglomerativeClustering方法

图14-6

14.5.2 非层次聚类

非层次聚类算法是通过定义评价函数来实现分割的算法，k均值算法就属于此类算法。

吸引子传播法是近几年提出的非层次聚类算法，与k均值算法相比，误差较小，不需要预先确定簇的数量，但是计算量较大，不能进行大规模计算。尝试用吸引子传播法，将代码14-2中的KMeans替换为AffinityPropagation，如代码14-5所示。

代码14-5

```
from sklearn.datasets import load_wine
from sklearn import cluster

wine = load_wine( )
```

```
data = wine['data']
target = wine['target']

#model = cluster.KMeans(n_clusters = 3)
model = cluster.AffinityPropagation( )
model.fit(data[:, 1:4])

label = model.labels_
marker = [".", ",", "o", "v", "^", "<", ">", "1",
"2", "3", "4", "8","s","p"]
for i in range(max(label)):
    ldata = data[label == i]
    plt.scatter(ldata[:, 1], ldata[:,3], alpha = 0.3,
s = 100, marker = marker[i])
```

程序运行结果如图14-7所示。

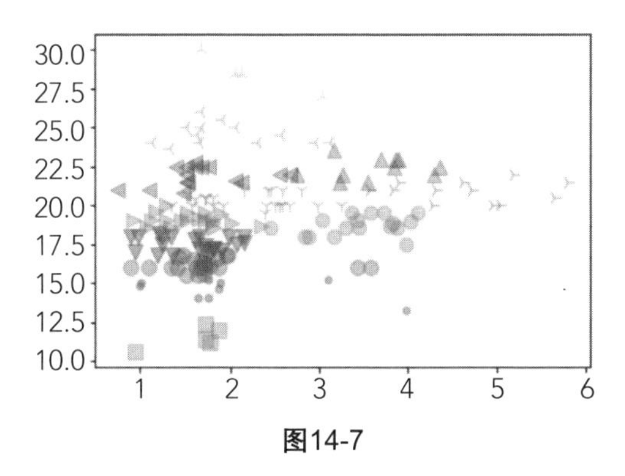

图14-7

由于不能够指定簇的数量，所以一般不会将非层次聚类方法和k均值算法直接进行比较。

14.6 总结

在本章的学习中，我们使用聚类的典型算法k均值算法对红酒数据集进行了聚类和可视化，并初步了解了层次聚类和非层次聚类。

和分类相比，聚类不依赖于人工标签，更多地被用于寻找数据内在的相关性，揭示其中的规律和性质。在实际的工业应用中，聚类既可以单独使用，比如用于分组分割问题（像城市、景区划分），又可以作为分类等其他机器学习任务的预处理工具，比如电商网站就需要按购买行为对庞大的人群进行类型定义，这时就可以使用聚类先将用户分簇，再由经验丰富的业务人员来判别用户类型。

实践篇：分辨石头剪刀布

石头剪刀布是我们经常玩的游戏。记忆里小伙伴们嘴里喊着卒瓦（cei）丁壳，比出剪刀、石头、布的手势，玩得不亦乐乎。

本章我们将从拍摄石头、剪刀、布的手势照片开始，制作自己的数据集，进行训练，再根据训练结果不断改进，尝试达成目标，以此来体验机器学习项目的全过程。

15.1 制订目标

目标是最重要的，后续的行动都要围绕目标展开。石头剪刀布是一个分类问题，所以将准确率作为衡量标准，由于无法采集到很大的数据集，将准确率75%作为目标。

15.2 制作数据集

为了第一轮训练，先拍摄自己的手势照片，剪刀、石头、布各10张（左手5张，右手5张，其中8张用作训练，2张用作测试）。图片尺寸为

75×100像素，像素位深度为24。图片拍摄时，不用考虑美观，就用手机拍摄，找大概的纯色背景即可。

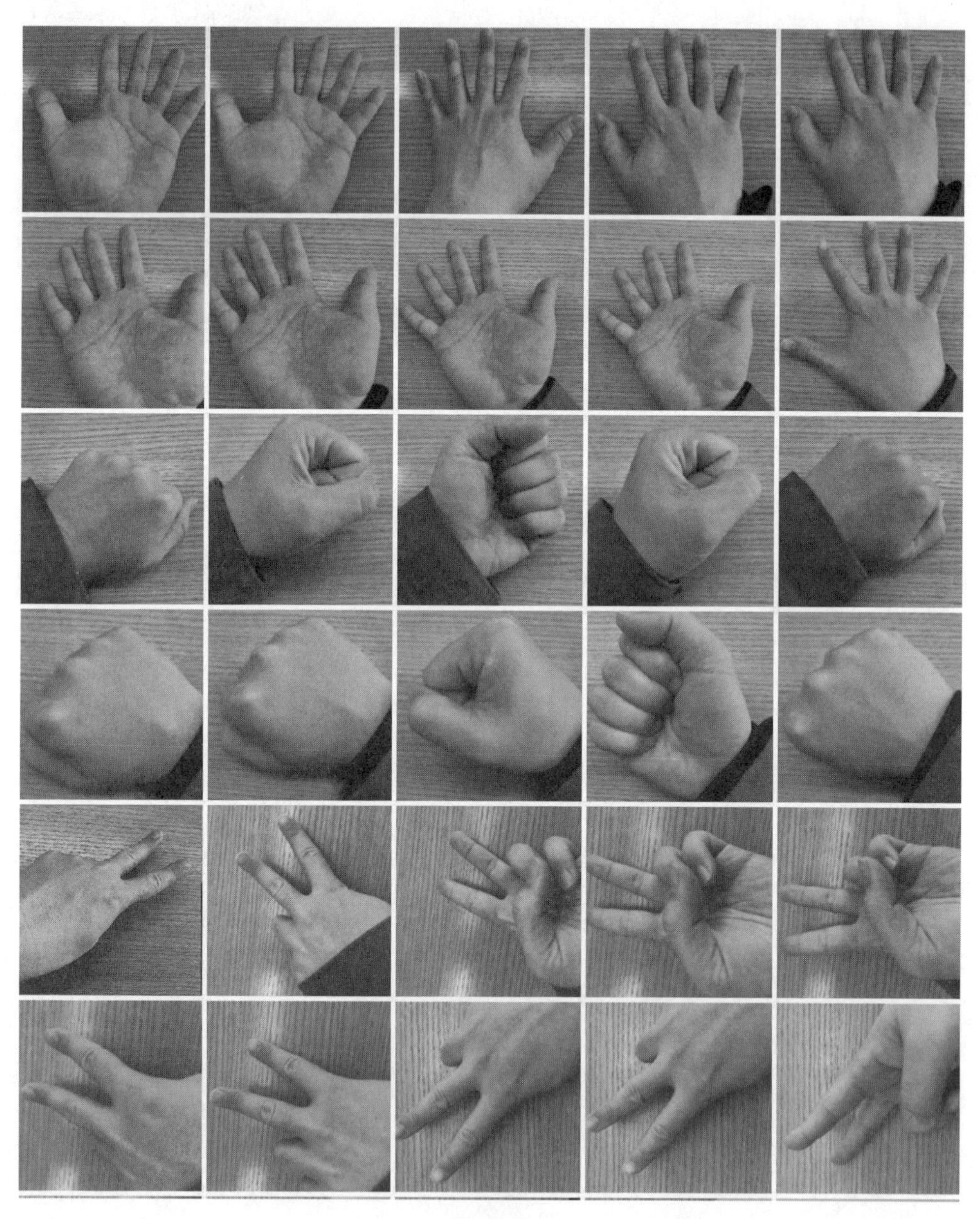

图15-1

数据集的文件结构可以按图15-2设立。

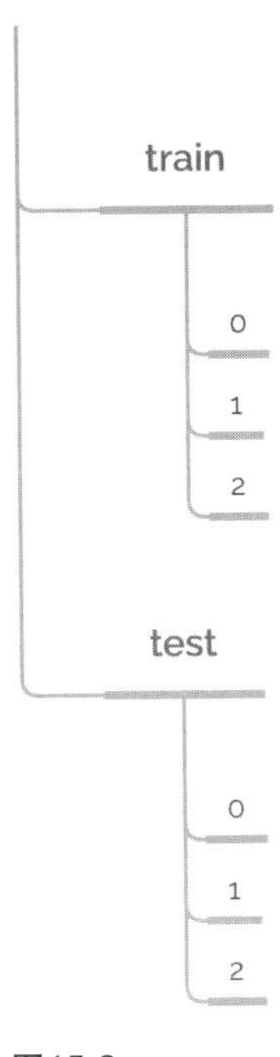

图15-2

train文件夹放置训练数据，设置三个子文件夹，命名为0、1、2，其中0代表布，1代表石头，2代表剪刀；类似train文件夹设置，test文件夹用来放置测试文件。py脚本文件可以不在该目录下，在代码中写绝对路径即可。

用手机拍摄的图片像素高，占用空间大，会影响后续处理速度。所以要修改图片分辨率，将拍摄的图片放在一个文件夹中，运行代码15-1进行批处理。

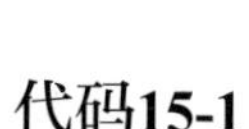

代码15-1

```
1    import os
2    from PIL import Image
3    dir_img = "C:\\Users\\wkn_4\\Pictures\\Rock-
Paper-Scissors\\mine\\"
4    dir_save = "C:\\Users\\wkn_4\\Pictures\\Rock-
Paper-Scissors\\mine_resize\\"
5
6    size = (75,100)
7    list_img = os.listdir(dir_img)
8
9    #将图片修改为指定尺寸
10   for img_name in list_img:
11       img_path = dir_img + img_name
12       old_image = Image.open(img_path)
13       save_path = dir_save+img_name
14       old_image.resize(size, Image.ANTIALIAS).
save(save_path)
```

执行程序前，要预先建好两个存放文件的目录，将拍摄的原始图片放在mine（或者自己取名字）这个文件夹中，将剪裁的结果放在mine_resize文件夹中，之后手工将图片放置到train和test文件的子文件夹中。

鼠标右键点击图像，在下拉菜单中选择属性，选中“详细信息”页签，可看到图片分辨率已改为75×100，如图15-3所示。

图15-3

完成了照片的拍摄和初步剪裁工作后，就要想办法将图片转为计算机能识别的数据类型，在这里是转化为ndarray类型（代码15-2）。

代码15-2

```
1    import os
2    import glob
3    import numpy as np
4    from skimage import io
5    from sklearn.utils import Bunch
6
```

```
7   W = 75
8   H = 100
9   COLOR_BYTE = 3
10  CATEGORY_NUM = 3
11
12  def load_handimage(path):
13      files = glob.glob(os.path.join(path, '*/*.
jpg'))
14      images = np.ndarray((len(files), H, W, COLOR_
BYTE), dtype = np.uint8)
15      labels = np.ndarray(len(files), dtype = int)
16
17      for idx, file in enumerate(files):
18          image = io.imread(file)
19          images[idx] = image
20          label = os.path.split(os.path.
dirname(file))[-1]
21          labels[idx] = label
22
23
24      flat_data = images.reshape((-1, H * W * COLOR_
BYTE))
25      images= flat_data.view( )
26      return Bunch(data = flat_data,
27                   target = labels.astype(int),
```

```
28                          target_names =
np.arange(CATEGORY_NUM),
29                          image =images,
30                          DESCR = None)
```

程序第1～5行，导入所需程序库，其中os用于访问操作系统，它会帮助我们打开文件夹，配合glob可以获取文件列表；skimage全称scikit-image，专门用来处理数字图片；引入sklearn.utils中的Bunch类，负责将读入的图片和标签封装成一个类似于“数据集“的对象。

第7～10行，使用大写字母命名通常表示常量，是一种约定俗成的写法。W代表图片的宽，H代表图片的高；COLOR_BYTE代表图片的位深度，表示一个像素点要用3字节（24位）来保存；CATEGORY_NUM表示结果共分为三类。

第12行，开始定义图像处理的函数。

第13～15行，分别生成图片文件目录对象，根据文件目录中文件数量生成不同尺寸的ndarray图片和标签对象，后续用来保存图片和标签的数值。

第17～21行，读取文件目录下的每一张图片，保存至ndarray对象的image中，label的属性由文件夹的名字确定，所以文件夹的名字要取好，0对应布，1对应石头，2对应剪刀。

第24、25行，将image的形状调整为sklearn数据集的格式，即扁平化操作。

第26～30行，确定函数返回值为一个Bunch类对象，包括图片数据、标签信息。其中DESCR参数表示对数据集的描述，可以为空。

15.3 第一次训练

为了便于操作，就在上面代码的基础上，开始第一次训练（代码15-3）。

代码15-3

```
31  from sklearn import svm, metrics
32
33  train = load_handimage('C:\\Users\\wkn_4\\
Pictures\\Rock-Paper-Scissors\\train')
34  test = load_handimage('C:\\Users\\wkn_4\\
Pictures\\Rock-Paper-Scissors\\test')
35
36  clf = svm.LinearSVC( )
37  clf.fit(train.data, train.target)
38  predicted = clf.predict(test.data)
39  print("准确率:{}".format(metrics.accuracy_
score(test.target, predicted)))
```

运行后输出：

准确率：0.7857142857142857

第31行，导入程序包，分别是用于分类的svm和用于评价分类器的metrics。

第33、34行，生成训练和测试用的Bunch对象train和test。注意：如果是Windows系统，文件路径中的单斜杠"\"需要用"\\"表示。

第36～39行，生成LinearSVC模型分类器，并进行训练。将预测结果与测试数据的分类作比对，生成分类准确率。

LinearSVC模型的分类器SVC和SVM非常相似，LinearSVC是基于线性核函数的一种实现，它的分类性能很好。

从结果看，准确率为78%，可以说是比较好的数据，但是数据样本太少，而且测试和学习的手势都是一个人的，如果测试其他的人手势会怎样呢？

15.4 加强泛化能力——增加数据人数

首先测试训练的模型对其他人的手势图片的分类性能，图片（图15-4）可以采用与15.3节类似的文件结构保存。

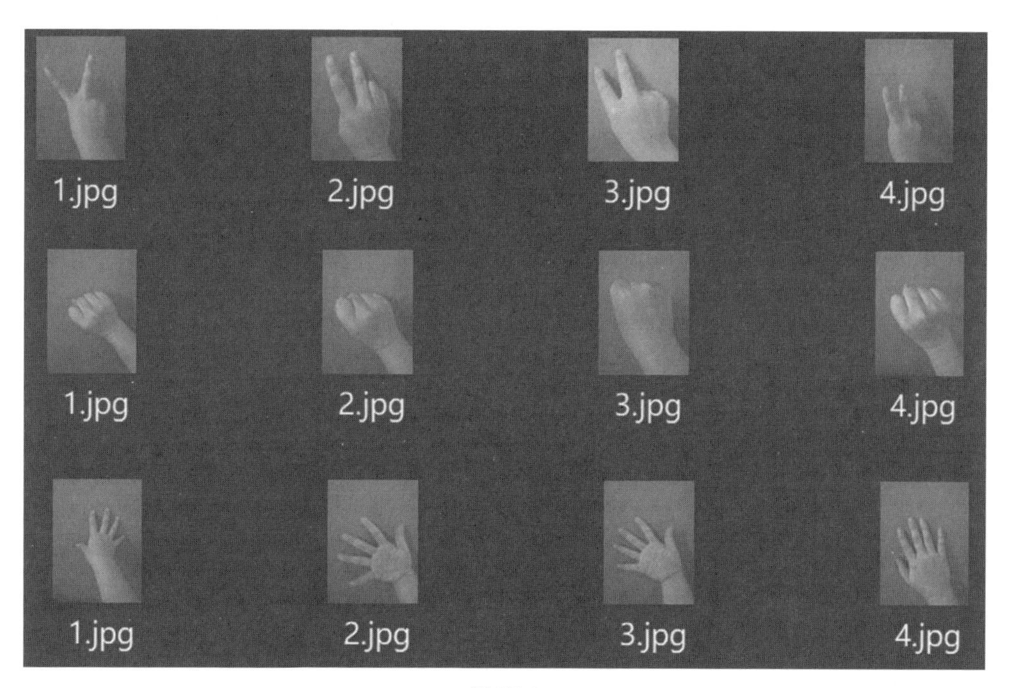

图15-4

不出所料，增加了其他人的手势照片后，准确率直线降低。

执行这步并不需要重新编码，只需要将新的测试图片单独放在一个文件夹里，训练时还使用原来的数据，测试时对新数据进行分类，观察结果即可。

和代码15-3相比，只调整了第34行的一个路径参数：

```
test = load_handimage('C:\\Users\\wkn_4\\Pictures\\
Rock-Paper-Scissors\\xue_test')
```

运行后得到的输出为：

准确率：0.4166666666666667

为了拥有更好的泛化能力，一个常用的办法是扩大训练数据的数量。在训练数据中增加石头、剪刀、布的图片数量（图15-5）。

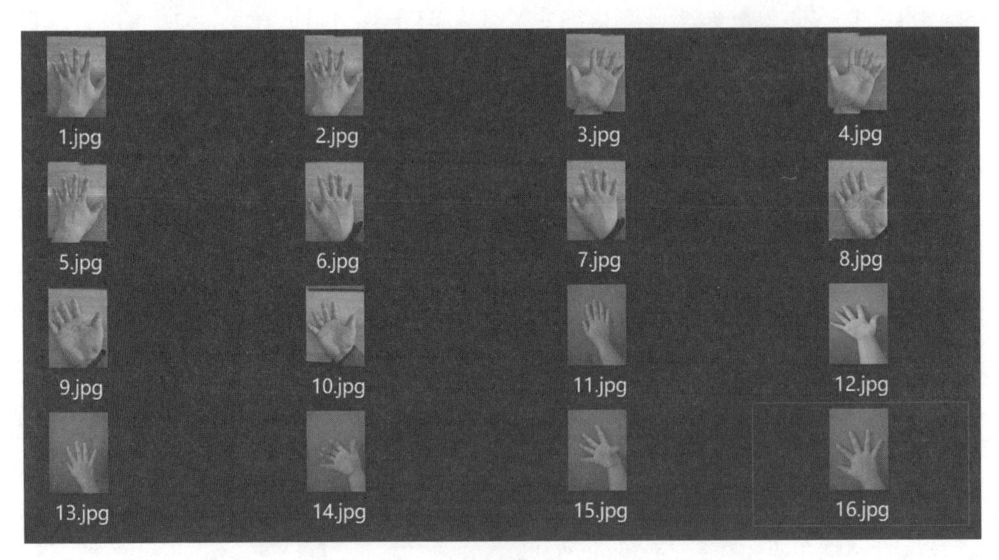

图15-5

在增加了训练样本后，同样的程序，准确率如下。

准确率：0.7777777777777778

15.5 引入HOG，提取图像特征

HOG（Histogram of Oriented Gradient），称为方向梯度直方图。它用于表示图像中物体“边缘”的特征，目前在行人检测、物理轮廓检测这些场景中应用普遍（图15-6）。

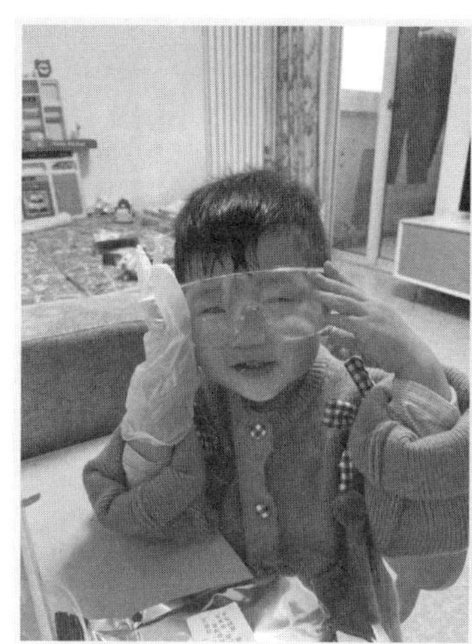

图15-6

这里的HOG同样基于上面的想法，因为只需对手势分类，只关心轮廓、形状并不关心手的肤色、皮肤皱纹等细节，所以可以舍去肤色、皱纹等信息，不让那些因素对结果产生干扰。经过HOG处理后留下的信息被称为原图的特征，训练时只要根据原图的特征就可以了。

15.5.1 HOG特征提取过程

第一步，将图像灰度化，把图像变为“黑白”的。

第二步，调节图像的对比度，降低图像局部的阴影和光照变化所造成的影响，采用的方法是Gamma校正法。

第三步，计算图像每个像素的梯度（包括大小和方向）。主要是为了捕获轮廓信息，同时进一步弱化光照的干扰。

第四步，将图像划分成小格子（cell），每个cell可以包含5 × 5像素。

第五步，统计每个cell的梯度直方图，不同梯度的个数为这个cell的特征。

第六步，将几个小格子（cell）组成一个小块（block），每个block可以包含3 × 3个小格子（cell），将一个block内所有cell的特征组合起来，就得到了这个block的HOG特征。

第七步，将图像（image）内的所有block的HOG特征组合起来就可以得到图像的HOG特征了。

15.5.2 尝试用图片的HOG特征进行学习和分类测试

代码15-4

```
1   import os
2   import glob
3   import numpy as np
4   from skimage import io
5   from sklearn.utils import Bunch
6   from skimage.feature import hog
7
8   W = 75
9   H = 100
10  COLOR_BYTE = 3
```

```
11  CATEGORY_NUM = 3
12
13  def load_handimage(path):
14      files = glob.glob(os.path.join(path, '*/*.
jpg'))
15
16      hogs = np.ndarray((len(files), 39600), dtype =
float)
17
18      images = np.ndarray((len(files), H, W, COLOR_
BYTE), dtype = np.uint8)
19      labels = np.ndarray(len(files), dtype = int)
20
21      for idx, file in enumerate(files):
22          #image = io.imread(file)
23          image = io.imread(file, as_gray=True)
24          h = hog(image, orientations=9, pixels_
per_cell=(5,5), cells_per_block=(5,5))
25          #images[idx] = image
26          hogs[idx] = h
27
28
29          label = os.path.split(os.path.
dirname(file))[-1]
30          labels[idx] = label
```

```
31
32
33      #flat_data = images.reshape((-1, IMAGE_SIZE *
IMAGE_SIZE * COLOR_BYTE))
34      #images= flat_data.view( )
35      return Bunch(data = hogs,
36                   target = labels.astype(int),
37                   target_names = np.arange(3),
38                   #image =images,
39                   DESCR = None)
40
41  from sklearn import svm, tree, ensemble,  metrics
42
43  train = load_handimage('C:\\Users\\wkn_4\\
Pictures\\Rock-Paper-Scissors\\tot_train')
44  test = load_handimage('C:\\Users\\wkn_4\\
Pictures\\Rock-Paper-Scissors\\tot_test')
45
46  clf = svm.LinearSVC( )
47
48  clf.fit(train.data, train.target)
49
50  predicted = clf.predict(test.data)
51  print("准确率:{}".format(metrics.accuracy_
score(test.target, predicted)))
```

代码15-4的基本逻辑过程和代码15-1、代码15-2一致，只是把学习对象从图像变成了图像的HOG特征。引入所需的模块，并进行调整。

第6行，从skimage.feature中引入hog类。

第24行，将图像处理成hog特征向量并保存，其中的参数image指输入的图像。因为hog在处理图像时会将图像分块（block），每块中包含若干个基本的统计单元cell，在这里计算图像的梯度方向，目的是拼凑出物体的整体轮廓。

第35行，修改函数返回值，将Bunch中的data参数值修改为hogs，使得读取图片时即进行处理。

程序运行后输出结如下。

准确率：0.8928571428571429

可以看到，使用HOG特征训练，对分类器的性能有较大的提升。

15.5.3 梯度是什么？

梯度是一个数学的概念。在机器学习领域，会用到很多数学概念，而梯度可能是其中最重要的一个。

为了说明梯度，首先介绍一个数学上的概念——偏导数。对于一个多变量函数，形如：$f(x_1, x_2)=x_1^2+2x_1x_2+3$。

如果只对x_1求导，而将x_2当作常数，此时求出的就是偏导数，记作$f'x_1$。

分别求出$f'x_1$和$f'x_2$，它们组成的向量为：

$$\nabla_x f=\begin{bmatrix} f'x_1 \\ f'x_2 \end{bmatrix}$$

$\nabla_x f$ 被称为梯度向量，表示斜率的最大方向以及大小。尝试绘制梯度的图形，更直观地理解它（代码15-5）。

代码15-5

```
1   import numpy as np
2   import matplotlib.pyplot as plt
3
4   def f(x1, x2):
5       return x1**2 + 2 * x1 * x2 + 3
6
7   def df_x1(x1, x2):
8       return 2 * x1 + 2 * x2
9
10  def df_x2(x1, x2):
11      return 2 * x1 + 0 * x2
12
13  x1 = np.arange(-2, 2 + 0.25, 0.25)
14  x2 = np.arange(-2, 2 + 0.25, 0.25)
15
16  xx1, xx2 = np.meshgrid(x1, x2)
17
18  res_f = np.zeros((len(x1), len(x2)))
19  res_dfx1 = np.zeros((len(x1), len(x2)))
20  res_dfx2 = np.zeros((len(x1), len(x2)))
21
22  for i in range(len(x1)):
```

```
23         for j in range(len(x2)):
24             res_f[i, j] = f(x1[i], x2[j])
25             res_dfx1[j, i] = df_x1(x1[i], x2[j])
26             res_dfx2[j, i] = df_x2(x1[i], x2[j])
27
28 plt.figure(figsize = (10, 5))
29 plt.subplot(1, 2, 1)
30 cont = plt.contour(xx1, xx2, res_f, 10)
31 cont.clabel(fmt = '%d', fontsize = 8)
32
33 plt.subplot(1, 2, 2)
34 plt.quiver(xx1, xx2, res_dfx1, res_dfx2)
35 plt.show( )
```

运行后输出结果如图15-7所示。

查看左侧等高图，图形左下和右上较高；右侧是这种图形的梯度，箭头朝向高的方向，箭头越长则越陡。梯度是用于寻找函数最大点和最小点的一种重要方法。求误差函数最小值时，经常用到梯度下降方法。

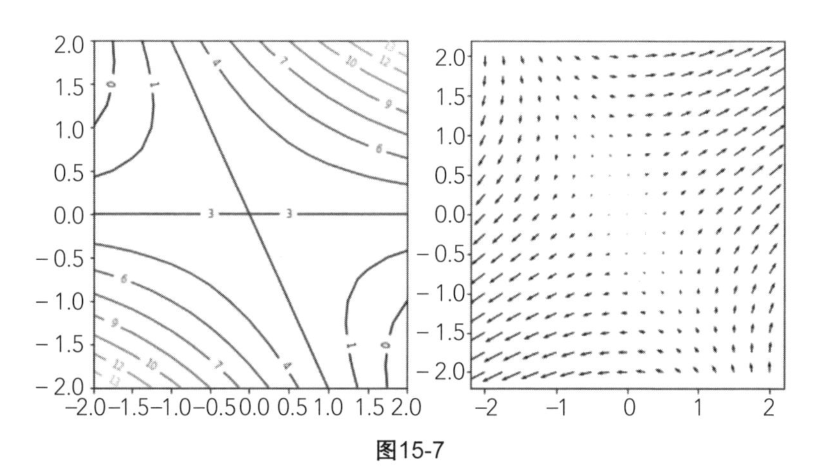

图15-7

15.6 参数调整

为了改进结果，尝试了两种方法，一种是增加数据样本数量，另一种是引入特征向量HOG，除此之外，还有一种方法是调整分类器超参数。所谓超参数就是开始训练之前设定好参数，而不是训练过程中确定参数，表15-1所示为LinearSVC参数表。

表15-1

参数名称	默认值	说明
C	1.0	分类错误时的惩罚力度，越大越容易过拟合，越小越容易出现欠拟合，两者都会导致泛化能力不足，即在这个数据样本上得到的模型不能准确预测其他情况
loss	suqared_hinge	损失函数，还可以取值为“hinge”

LinearSVC分类器有两个重要的超参数C和loss，如果手动调参的话，想搭配3个C值，2个loss函数，这样组合出来就是6次尝试，虽然听起来还好，但是如果参数多1个，或者想尝试的值更多，工作量就成倍增加了。

sklearn程序库考虑到了这种情况，在使用多个参数组合时，如果想要尝试所有组合，可以引入sklearn.model_selection.GridSearchCV进行网格搜索，确定最优参数组合（代码15-6）。

代码15-6

```
1   import os
2   import sys
3   import glob
4   import numpy as np
```

```
5    from skimage import io
6    from sklearn.utils import Bunch
7    from skimage.feature import hog
8
9    from sklearn.model_selection import GridSearchCV
10
11   param_grid = {
12       'C':[1, 10, 100],
13       'loss':['hinge', 'squared_hinge']
14   }
15
16   W = 75
17   H = 100
18   COLOR_BYTE = 3
19   CATEGORY_NUM = 3
20
21   def load_handimage(path):
22       files = glob.glob(os.path.join(path, '*/*.
jpg'))
23
24       hogs = np.ndarray((len(files), 39600), dtype =
float)
25
26       images = np.ndarray((len(files), H, W, COLOR_
BYTE), dtype = np.uint8)
```

```
27        labels = np.ndarray(len(files), dtype = int)
28
29        for idx, file in enumerate(files):
30            image = io.imread(file, as_gray=True)
31            h = hog(image, orientations=9, pixels_
per_cell=(5,5), cells_per_block=(5,5))
32            hogs[idx] = h
33
34            label = os.path.split(os.path.
dirname(file))[-1]
35            labels[idx] = label
36
37        return Bunch(data = hogs,
38                     target = labels.astype(int),
39                     target_names = np.arange(3),
40                     DESCR = None)
41
42  from sklearn import svm, tree, ensemble,  metrics
43
44  train = load_handimage('C:\\Users\\wkn_4\\
Pictures\\Rock-Paper-Scissors\\tot_train')
45  test = load_handimage('C:\\Users\\wkn_4\\
Pictures\\Rock-Paper-Scissors\\tot_test')
46
47  clf = GridSearchCV(svm.LinearSVC( ), param_grid)
```

```
48  clf.fit(train.data, train.target)
49  predicted = clf.predict(test.data)
50  print("准确率:{}".format(metrics.accuracy_
score(test.target, predicted)))
51
52  print("最佳参数组合:{}".format(clf.best_
estimator_))
```

运行后输出：

准确率：0.8928571428571429

最佳参数组合：LinearSVC(C = 1,loss = 'hinge')

代码整体思路仍然是读入数据，进行训练，只不过在训练时对超参数进行了网格搜索，并输出最优解。

第9行，导入所需模块。

第47行，生成采用网格搜索的分类器clf。

第52行，输出最优的超参数所有组合情况，这样就可以在下次训练中，直接采用最优参数组合进行训练了。

15.7 总结

本章综合运用了所学的Python知识，完成了一个机器学习小项目，体验了数据收集、训练、改进、迭代的整个过程。希望读者可以获得灵感，找到自己想要探究的方向，并将它应用到生活之中。